魔术游戏中的数学

胡英武 ◎ 著

首都经济贸易大学出版社
Capital University of Economics and Business Press

· 北 京 ·

图书在版编目（CIP）数据

魔术游戏中的数学/胡英武著. —北京：首都经济贸易大学出版社，2024.9

ISBN 978-7-5638-3639-0

Ⅰ. ①魔… Ⅱ. ①胡… Ⅲ. ①数学教学-教学研究 Ⅳ. ①O1-4

中国国家版本馆 CIP 数据核字（2023）第 246126 号

魔术游戏中的数学

MOSHU YOUXI ZHONG DE SHUXUE

胡英武　著

责任编辑	佟周红
封面设计	砚祥志远·激光照排　TEL: 010-65976003
出版发行	首都经济贸易大学出版社
地　　址	北京市朝阳区红庙（邮编 100026）
电　　话	(010) 65976483　65065761　65071505（传真）
网　　址	http://www.sjmcb.com
E- mail	publish@cueb.edu.cn
经　　销	全国新华书店
照　　排	北京砚祥志远激光照排技术有限公司
印　　刷	北京九州迅驰传媒文化有限公司
成品尺寸	170 毫米×240 毫米　1/16
字　　数	272 千字
印　　张	14.75
版　　次	2024 年 9 月第 1 版　2024 年 9 月第 1 次印刷
书　　号	ISBN 978-7-5638-3639-0
定　　价	49.00 元

前　言

　　从 2013 年起，我国全面开启了学生核心素养培育的学术研究、实践探索与政策制定等工作，掀起了一场核心素养研究的热潮。2016 年，中国学生发展核心素养研究成果发布，公布了《中国学生发展核心素养》总体框架，把学生核心素养划分为 6 个方面、18 个要点，并把学生核心素养界定为"学生应具备的，能够适应终身发展和社会发展需要的必备品格和关键能力"。发展学生核心素养已然成为深化课程改革、落实立德树人根本任务的关键因素。

　　现代数学教育高度重视学生核心素养的培养，《普通高中数学课程标准（2017 年版）》明确提出了数学核心素养，史宁中教授用"三用"概括了数学核心素养的精髓，即会用数学的眼光观察世界（直观想象、数学抽象）、会用数学的思维思考世界（数学运算、逻辑推理）、会用数学的语言表达世界（数学建模、数据分析）。《义务教育数学课程标准（2022 年版）》在强调"四基""四能"的基础上，确立了"会用数学的眼光观察现实世界、会用数学的思维思考现实世界、会用数学的语言表达现实世界"（以下简称"三会"）的数学学科核心素养，并作为课程总目标。

　　著名教育家蒙台梭利说，"我听到了，但随后就忘记了；我看到了，也就记住了；我做了，也就理解了！"这句话揭示了教育的真谛——活动育人。为了让学生通过实践活动体验到数学之美，基于学生"视觉和操作"偏好的特点，我们选择了大众喜闻乐见的活动——魔术，让魔术融入数学教育，设计系列数学魔术游戏，把高冷的数学知识变得妙趣横生。本书按照"魔术流程—魔术揭秘—魔术拓展—数学素养—思考—实践"的编写体例，引导学生在做中学、做中思、做中玩，沉浸式探索数学的"魔法"世界，在运用数学知识发现、提出、分析和解决问题的过程中，体验数学的神奇之美，发展学生"三会"数学核心素养。

　　数学魔术游戏是落实数学核心素养的途径之一。当数学遇上魔术，会发生怎样的奇迹呢？本书利用扑克牌、数表、骰子等简单的道具设计了百余个数学魔术游戏，融入数学知识、数学思想方法、数学文化，让学生在游戏中独立思考、交流表达，逐步形成数学思维与数学精神，落实数学核心素养。根据魔术游戏用到的初等数学知识的难易程度，分为三个篇章：洗牌篇、基础篇、进阶篇。另外，为了帮助师范生更好地开展数学魔术游戏教学，以专篇写了魔术教学案例，以辅助提升师范生的教学设计、组织与实施的能力。

本书可作为学前教育、小学教育、初等教育专业的师范生教材，也可以作为中小学教师参考，还可以供数学爱好者阅读。

在本书撰写过程中，参考引用了数学魔术教学相关研究成果，在此表示诚挚的谢意！由于作者水平有限，书中难免存在疏漏之处，真诚希望专业人士与读者提出宝贵意见和建议，以便于本书的修订与完善。

作者

2024 年 6 月

目 录

第一章 洗牌篇

提及扑克牌魔术，大家脑海里往往会浮现出这样的画面：在魔术师巧妙的洗牌手法下，想要的牌神奇地出现在魔术师的手上。"怎么做到的?""太不可思议！"大家不由得发出阵阵惊叹！本篇就带大家来看一看洗牌的"魔法"。

扑克牌魔术的神秘之处在于洗牌的规则。洗牌的规则相当于数学题中的条件，在该条件下一定会产生确定的结论，其本质是数学知识或数学规律产生作用。本篇会详细介绍完美洗牌、蒙日洗牌、发一藏一洗牌、挤奶洗牌与反转洗牌，及相应的洗牌魔术游戏。魔术设计涉及函数与复合函数、对应与映射、周期、不动点、代数式运算、二进制、同余等数学知识或原理。

教师先表演洗牌魔术，引发学生好奇、驱动探究欲望，再确定洗牌手法这一关键问题，并转化为数学问题。学生通过实践、记录、猜想、归纳与概括，发现洗牌规律，通过交流、简化、抽象与条件数学化，建立洗牌的数学模型并求解，应用模型解析洗牌魔术，进而培养学生用数学的眼光观察洗牌、用数学的思维思考洗牌、用数学的语言表达洗牌，提升在真实情境中利用数学解决实际问题的能力。

阅读建议：

1. 先练习洗牌，做好每次洗牌后的记录，观察、归纳、猜想洗牌规则中蕴含的规律，试着用数学的方式表达。

2. 按照魔术步骤进行尝试，有困难的可通过本节实践环节辅助探究。

3. 理解洗牌的数学原理后，再试着操作几次，反思魔术表演的关键。

第一节 完 美 洗 牌

洗牌是为了适当地打乱牌的顺序，使得发给每个玩家的牌不会有任何偏向，但是，通过若干次的完美洗牌，可以成功地将一副偶数张的牌恢复到原排序，也可以将顶部那张牌洗到学生任意指定的位置，相当完美！完美洗牌魔术游戏的操作，可以让学生体验到扑克牌位置随洗牌变化的数学规律。

一、魔术流程

（一）外洗法四张 A 流程

1. 魔术师拿出一副牌，请学生进行两次完美外洗后交给魔术师；
2. 魔术师依次往东、南、西、北四个方位各发一张牌，连发四轮；
3. 魔术师指出 4 张 A 在东。

（二）内洗法四张 A 流程

1. 魔术师拿出一副牌，请学生进行两次完美内洗后交给魔术师；
2. 魔术师依次往东、南、西、北四个方位各发一张牌，连发四轮；
3. 魔术师指出 4 张 A 在北。

（三）顶牌洗到指定位置流程

1. 魔术师拿出一副牌，学生任选一张作为顶牌，再请他任选一个 5～16 中的整数（如 10）作为顶牌最后所在位置；
2. 魔术师经过若干次完美内洗与外洗就能将顶牌洗到第 10 张位置。

上述三个魔术都是利用完美洗牌设计的。

二、完美洗牌

完美洗牌：拿一副偶数张的牌，先切成数量相等的两叠，然后将两叠牌每张牌都交错洗在一起，恰好交错排列成一叠①。

8 张牌的完美洗牌流程如图 1-1 所示。

根据洗牌的顺序完美洗牌分为外洗法与内洗法。

---

① 迪亚科尼斯，葛立恒．魔法数学：大魔术的数学灵魂［M］．汪晓勤，黄友初，译．上海：上海科技教育出版社，2021.

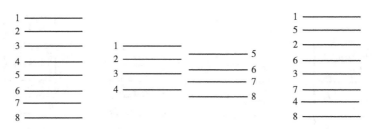

图 1-1 完美洗牌示例

（一）外洗法

一副牌通过完美洗牌后，原牌的第一张仍然是第一张，称为外洗法。

通过外洗法，洗牌前后第一张与最后一张牌的位置不变，其余牌相互交错排列。

例如，从上到下 12 张牌的排序为：A，2，3，4，5，6，7，8，9，10，J，Q。平分成两叠，第一叠是 A，2，3，4，5，6；第二叠是 7，8，9，10，J，Q。通过外洗法洗牌，得到排序为 A，7，2，8，3，9，4，10，5，J，6，Q，如图 1-2 所示。

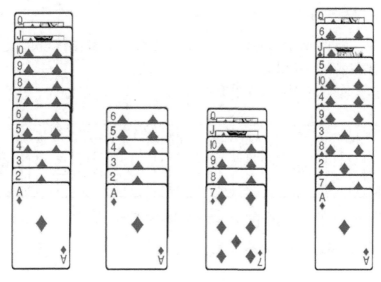

图 1-2 外洗法示例

（二）内洗法

一副牌通过完美洗牌后，原牌的第一张洗到了第二张，称为内洗法。

上述 12 张牌通过内洗法洗牌，得到排序为 7，A，8，2，9，3，10，4，J，5，Q，6，如图 1-3 所示。

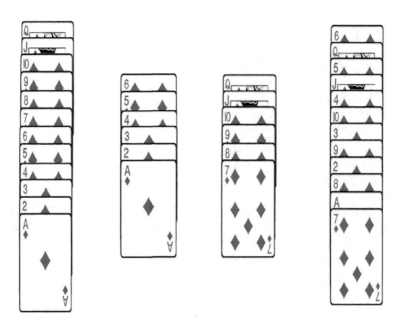

图 1-3　内洗法示例

三、完美洗牌的数学原理

对于一副标准的 52 张扑克牌，如果你利用外洗法进行了 8 次完美洗牌的操作，整副牌回到初始排序。

例如一副牌的初始排序如图 1-4 所示。

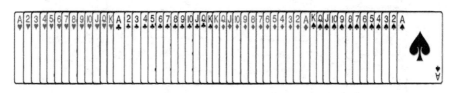

图 1-4　一副牌的初始排序

整副牌一次外洗后排序如图 1-5 所示。

图 1-5　一次外洗后排序

整副牌二次外洗后排序如图1-6所示。

图1-6　二次外洗后排序

整副牌三次外洗后排序如图1-7所示。

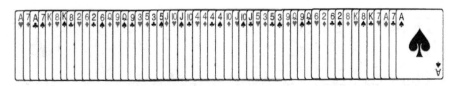

图1-7　三次外洗后排序

整副牌四次外洗后排序如图1-8所示。

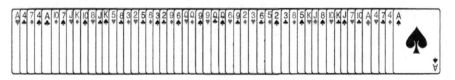

图1-8　四次外洗后排序

整副牌五次外洗后排序如图1-9所示。

图1-9　五次外洗后排序

整副牌六次外洗后排序如图1-10所示。

图1-10　六次外洗后排序

整副牌七次外洗后排序如图 1–11 所示。

图 1–11　七次外洗后排序

整副牌八次外洗后排序如图 1–12 所示。

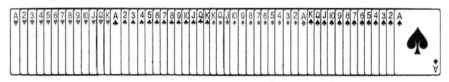

图 1–12　八次外洗后排序

为什么整副牌八次完美外洗之后牌组会复原，下面我们探究完美洗牌背后的数学原理。先统计经八次完美外洗后各花色牌的位置变化情况，如表 1–1、表 1–2、表 1–3、表 1–4 所示。

表 1–1　八次外洗后红桃的位置

红桃	A	2	3	4	5	6	7	8	9	10	J	Q	K
初始位置	1	2	3	4	5	6	7	8	9	10	11	12	13
一次外洗后	1	3	5	7	9	11	13	15	17	19	21	23	25
二次外洗后	1	5	9	13	17	21	25	29	33	37	41	45	49
三次外洗后	1	9	17	25	33	41	49	6	14	22	30	38	46
四次外洗后	1	17	33	49	14	30	46	11	27	43	8	24	40
五次外洗后	1	33	14	46	27	8	40	21	2	34	15	47	28
六次外洗后	1	14	27	40	2	15	28	41	3	16	29	42	4
七次外洗后	1	27	2	28	3	29	4	30	5	31	6	32	7
八次外洗后	1	2	3	4	5	6	7	8	9	10	11	12	13

表 1–2　八次外洗后梅花的位置

梅花	A	2	3	4	5	6	7	8	9	10	J	Q	K
初始位置	14	15	16	17	18	19	20	21	22	23	24	25	26

续表

梅花	A	2	3	4	5	6	7	8	9	10	J	Q	K
一次外洗后	27	29	31	33	35	37	39	41	43	45	47	49	51
二次外洗后	2	6	10	14	18	22	26	30	34	38	42	46	50
三次外洗后	3	11	19	27	35	43	51	8	16	24	32	40	48
四次外洗后	5	21	37	2	18	34	50	15	31	47	12	28	44
五次外洗后	9	41	22	3	35	16	48	29	10	42	23	4	36
六次外洗后	17	30	43	5	18	31	44	6	19	32	45	7	20
七次外洗后	33	8	34	9	35	10	36	11	37	12	38	13	39
八次外洗后	14	15	16	17	18	19	20	21	22	23	24	25	26

表1-3　八次外洗后方块的位置

方块	K	Q	J	10	9	8	7	6	5	4	3	2	A
初始位置	27	28	29	30	31	32	33	34	35	36	37	38	39
一次外洗后	2	4	6	8	10	12	14	16	18	20	22	24	26
二次外洗后	3	7	11	15	19	23	27	31	35	39	43	47	51
三次外洗后	5	13	21	29	37	45	2	10	18	26	34	42	50
四次外洗后	9	25	41	6	22	38	3	19	35	51	16	32	48
五次外洗后	17	49	30	11	43	24	5	37	18	50	31	12	44
六次外洗后	33	46	8	21	34	47	9	22	35	48	10	23	36
七次外洗后	14	40	15	41	16	42	17	43	18	44	19	45	20
八次外洗后	27	28	29	30	31	32	33	34	35	36	37	38	39

表1-4　八次外洗后黑桃的位置

黑桃	K	Q	J	10	9	8	7	6	5	4	3	2	A
初始位置	40	41	42	43	44	45	46	47	48	49	50	51	52
一次外洗后	28	30	32	34	36	38	40	42	44	46	48	50	52
二次外洗后	4	8	12	16	20	24	28	32	36	40	44	48	52
三次外洗后	7	15	23	31	39	47	4	12	20	28	36	44	52
四次外洗后	13	29	45	10	26	42	7	23	39	4	20	36	52
五次外洗后	25	6	38	19	51	32	13	45	26	7	39	20	52
六次外洗后	49	11	24	37	50	12	25	38	51	13	26	39	52

黑桃	K	Q	J	10	9	8	7	6	5	4	3	2	A
七次外洗后	46	21	47	22	48	23	49	24	50	25	51	26	52
八次外洗后	40	41	42	43	44	45	46	47	48	49	50	51	52

（一）外洗法的变化规律

由于洗牌只改变牌所处的位置，我们关注洗牌前后牌的位置变化。假设 52 张牌放在编号为 1~52 的位置，经一次外洗后，牌的位置变化如表 1-5 所示。

表 1-5　52 张牌一次外洗后牌的位置变化

原牌组中牌的位置	洗后牌组中牌的位置	位置变化规律
1	1	$1 = 1 \times 2 - 1$
2	3	$3 = 2 \times 2 - 1$
3	5	$5 = 2 \times 3 - 1$
4	7	$7 = 2 \times 4 - 1$
5	9	$9 = 2 \times 5 - 1$
6	11	$11 = 2 \times 6 - 1$
7	13	$13 = 2 \times 7 - 1$
8	15	$15 = 2 \times 8 - 1$
9	17	$17 = 2 \times 9 - 1$
10	19	$19 = 2 \times 10 - 1$
11	21	$21 = 2 \times 11 - 1$
12	23	$23 = 2 \times 12 - 1$
13	25	$25 = 2 \times 13 - 1$
14	27	$27 = 2 \times 14 - 1$
15	29	$29 = 2 \times 15 - 1$
16	31	$31 = 2 \times 16 - 1$
17	33	$33 = 2 \times 17 - 1$
18	35	$35 = 2 \times 18 - 1$
19	37	$37 = 2 \times 19 - 1$
20	39	$39 = 2 \times 20 - 1$
21	41	$41 = 2 \times 21 - 1$

续表

原牌组中牌的位置	洗后牌组中牌的位置	位置变化规律
22	43	$43 = 2 \times 22 - 1$
23	45	$45 = 2 \times 23 - 1$
24	47	$47 = 2 \times 24 - 1$
25	49	$49 = 2 \times 25 - 1$
26	51	$51 = 2 \times 26 - 1$
27	2	$2 = 2 \times 27 - 52$
28	4	$4 = 2 \times 28 - 52$
29	6	$6 = 2 \times 29 - 52$
30	8	$8 = 2 \times 30 - 52$
31	10	$10 = 2 \times 31 - 52$
32	12	$12 = 2 \times 32 - 52$
33	14	$14 = 2 \times 33 - 52$
34	16	$16 = 2 \times 34 - 52$
35	18	$18 = 2 \times 35 - 52$
36	20	$20 = 2 \times 36 - 52$
37	22	$22 = 2 \times 37 - 52$
38	24	$24 = 2 \times 38 - 52$
39	26	$26 = 2 \times 39 - 52$
40	28	$28 = 2 \times 40 - 52$
41	30	$30 = 2 \times 41 - 52$
42	32	$32 = 2 \times 42 - 52$
43	34	$34 = 2 \times 43 - 52$
44	36	$36 = 2 \times 44 - 52$
45	38	$38 = 2 \times 45 - 52$
46	40	$40 = 2 \times 46 - 52$
47	42	$42 = 2 \times 47 - 52$
48	44	$44 = 2 \times 48 - 52$
49	46	$46 = 2 \times 49 - 52$
50	48	$48 = 2 \times 50 - 52$
51	50	$50 = 2 \times 51 - 52$
52	52	$52 = 2 \times 52 - 52$

原牌组中 $n(n \leqslant 26)$ 位置的牌，外洗后到了 $(2n-1)$ 位置，而 $n(27 \leqslant n \leqslant 52)$ 位置的牌到了 $(2n-52)$ 位置。洗牌后位置的变化可用函数 $f(n)$ 表示。

$$f(n) = \begin{cases} 2n-1, & n \leqslant 26 \\ 2n-52, & 27 \leqslant n \leqslant 52 \end{cases}$$

由 $f(n)$ 与八次外洗各花色牌位置变化表，得出各位置变化周期如表 1-6 所示。

表 1-6 52 张牌在外洗法中的位置变化

原位置号	连续外洗后的位置变化							
	一次外洗后位置	二次外洗后位置	三次外洗后位置	四次外洗后位置	五次外洗后位置	六次外洗后位置	七次外洗后位置	八次外洗后位置
1	1	1	1	1	1	1	1	1
52	52	52	52	52	52	52	52	52
18	35	18	35	18	35	18	35	18
2	3	5	9	17	33	14	27	2
4	7	13	25	49	46	40	28	4
6	11	21	41	30	8	15	29	6
10	19	37	22	43	34	16	31	10
12	23	45	38	24	47	42	32	12
20	39	26	51	50	48	44	36	20

因为牌组中 1 号位与 52 号位的周期都是 1，18 号位与 35 号位的周期都是 2，其他位置的周期都是 8，所以经八次外洗回到原排序。也可以用复合函数说明任一张牌经八次外洗后回到原位置。经两次外洗，原位置号 n 的牌到了 $f(f(n))$，经三次外洗到了 $f(f(f(n)))$，依此，经八次外洗到了 $f(f(f(f(f(f(f(f(n))))))))$。

对于 52 张牌的情况有：

$f(f(f(f(f(f(f(f(n)))))))) = n$，$n \in \{1, 2, 3, \cdots, 52\}$

例如，2 号经八次外洗后到了 $f(f(f(f(f(f(f(f(2)))))))) = 2$，回到原位置。

具体运算程序如下：

$f(2) = 2 \times 2 - 1 = 3$

$f(f(2)) = f(3) = 2 \times 3 - 1 = 5$

$$f(f(f(2)))=f(f(3))=f(5)=2\times5-1=9$$
$$f(f(f(f(2))))=f(9)=2\times9-1=17$$
$$f(f(f(f(f(2)))))=f(17)=2\times17-1=33$$
$$f(f(f(f(f(f(2))))))=f(33)=2\times33-52=14$$
$$f(f(f(f(f(f(f(2)))))))=f(14)=2\times14-1=27$$
$$f(f(f(f(f(f(f(f(2))))))))=f(27)=2\times27-52=2$$

也可以用同余说明 52 张牌经 8 次外洗回到原排序。

将第一张牌编号为 0，第二张牌为 1，…，得到整副牌的编号为：

$$0, 1, 2, 3, \cdots, 49, 50, 51$$

外洗法首先将牌组分成两叠，上半部分为第一叠 0，1，…，25，下半部分为第二叠 26，27，…，51。通过一次外洗后的排序为：

$$0, 26, 1, 27, 2, \cdots, 24, 50, 25, 51$$

整副牌洗牌前后牌的位置变化如表 1-7 所示。

表 1-7　一次外洗后牌位置的变化

原牌组中牌的位置	洗后牌组中牌的位置	位置变化规律
0	0	$0=2\times0$
1	2	$2=2\times1$
2	4	$4=2\times2$
3	6	$6=2\times3$
4	8	$8=2\times4$
…	…	…
25	50	$50=2\times25$
26	1	$1=2\times26-51$
27	3	$3=2\times27-51$
28	5	$5=2\times28-51$
…	…	…
49	47	$47=2\times49-51$
50	25	$49=2\times50-51$
51	51	$51=2\times51-51$

整副牌在洗牌前后位置变化可用函数 $f(n)$ 表示：

$$f(n) = \begin{cases} 2n, & n\leqslant25 \\ 2n-51, & 26\leqslant n\leqslant51 \end{cases}$$

由 $f(n)$ 与 8 次外洗各花色牌位置变化表，得各位置变化如表 1-8 所示。

表 1-8　52 张牌在外洗法中的位置变化

原位置号	连续外洗后的位置变化							
	一次外洗后位置	二次外洗后位置	三次外洗后位置	四次外洗后位置	五次外洗后位置	六次外洗后位置	七次外洗后位置	八次外洗后位置
0	0	0	0	0	0	0	0	0
51	51	51	51	51	51	51	51	51
17	34	17	34	17	34	17	34	17
1	2	4	8	16	32	13	26	1
3	6	12	24	48	45	39	27	3
5	10	20	40	29	7	14	28	5
9	18	36	21	42	33	15	30	9
11	22	44	37	23	46	41	31	11
19	38	25	50	49	47	43	35	19

因为 0 号位与 51 号位的周期都是 1，17 号位与 34 号位的周期都是 2，其他位置的周期都是 8，所以经 8 次外洗回到原排序。

外洗法洗牌其实是牌位置的置换，如图 1-13 所示：

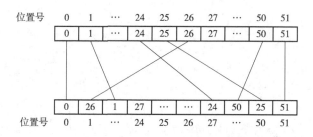

图 1-13　外洗法洗牌的位置置换

外洗法置换　　$f(2n)=n$，$f(2n+1)=26+n$，$(0 \leqslant n \leqslant 25)$

$f^{-1}(n)=2n$，$2n<51$；$f^{-1}(n)=2n-51$，$2n \geqslant 51$

第一叠牌编号 $n(0 \leqslant n \leqslant 25)$ 的牌被移到了第 $2n$ 位置，第二叠牌编号 $n(26 \leqslant n \leqslant 51)$ 的被移到了 $(2n-51)$ 位置。

综上，编号 $n(0 \leqslant n \leqslant 25)$ 的牌，通过一次外洗操作移到了 $2n(\bmod 51)$ 位置；两次外洗操作移到了 $2^2 n(\bmod 51)$ 位置；以此类推，编号 $n(0 \leqslant n \leqslant 25)$ 的

牌经过 k 次外洗操作移到了 $2^k n\,(\bmod 51)$ 位置。

设经 k 次外洗操作回到初始排序，则需满足 $n \equiv 2^k n\,(\bmod 51)$，即 $2^k \equiv 1\,(\bmod 51)$。经计算，当 $k = 8$ 时有 $2^8 \equiv 1\,(\bmod 51)$，通过外洗法复原牌组的最小次数是 8。

（二）内洗法的变化规律

与外洗法类似，52 张牌一次内洗后位置变化如表 1-9 所示。

表 1-9　52 张牌一次内洗后牌的位置变化

原牌组中牌的位置	洗后牌组中牌的位置	位置变化规律
1	2	$2 = 1 \times 2$
2	4	$4 = 2 \times 2$
3	6	$6 = 2 \times 3$
4	8	$8 = 2 \times 4$
5	10	$10 = 2 \times 5$
6	12	$12 = 2 \times 6$
7	14	$14 = 2 \times 7$
8	16	$16 = 2 \times 8$
9	18	$18 = 2 \times 9$
10	20	$20 = 2 \times 10$
11	22	$22 = 2 \times 11$
12	24	$24 = 2 \times 12$
13	26	$26 = 2 \times 13$
14	28	$28 = 2 \times 14$
15	30	$30 = 2 \times 15$
16	32	$32 = 2 \times 16$
17	34	$34 = 2 \times 17$
18	36	$36 = 2 \times 18$
19	38	$38 = 2 \times 19$
20	40	$40 = 2 \times 20$
21	42	$42 = 2 \times 21$
22	44	$44 = 2 \times 22$
23	46	$46 = 2 \times 23$
24	48	$48 = 2 \times 24$

续表

原牌组中牌的位置	洗后牌组中牌的位置	位置变化规律
25	50	$50 = 2 \times 25$
26	52	$52 = 2 \times 26$
27	1	$1 = 2 \times (27-26) -1$
28	3	$3 = 2 \times (28-26) -1$
29	5	$5 = 2 \times (29-26) -1$
30	7	$7 = 2 \times (30-26) -1$
31	9	$9 = 2 \times (31-26) -1$
32	11	$11 = 2 \times (32-26) -1$
33	13	$13 = 2 \times (33-26) -1$
34	15	$15 = 2 \times (34-26) -1$
35	17	$17 = 2 \times (35-26) -1$
36	19	$19 = 2 \times (36-26) -1$
37	21	$21 = 2 \times (37-26) -1$
38	23	$23 = 2 \times (38-26) -1$
39	25	$25 = 2 \times (39-26) -1$
40	27	$27 = 2 \times (40-26) -1$
41	29	$29 = 2 \times (41-26) -1$
42	31	$31 = 2 \times (42-26) -1$
43	33	$33 = 2 \times (43-26) -1$
44	35	$35 = 2 \times (44-26) -1$
45	37	$37 = 2 \times (45-26) -1$
46	39	$39 = 2 \times (46-26) -1$
47	41	$41 = 2 \times (47-26) -1$
48	43	$43 = 2 \times (48-26) -1$
49	45	$45 = 2 \times (49-26) -1$
50	47	$47 = 2 \times (50-26) -1$
51	49	$49 = 2 \times (51-26) -1$
52	51	$51 = 2 \times (52-26) -1$

原牌组中 $n(n \leq 26)$ 位置的牌，内洗后到了 $2n$ 位置，$n(27 \leq n \leq 52)$ 位置的牌到了 $[(n-26) \times 2-1]$ 位置。第 n 张牌洗牌前后位置变化可用函数 $g(n)$ 表示：

$$g(n) = \begin{cases} 2n, & n \leqslant 26 \\ 2 \times (n-26)-1, & 27 \leqslant n \leqslant 52 \end{cases}$$

由表 1-9 得，52 张牌内洗后位置变化统计如表 1-10 所示。

表 1-10　52 张牌一次内洗后位置变化

红桃	*A*	*2*	*3*	*4*	*5*	*6*	*7*	*8*	*9*	*10*	*J*	*Q*	*K*
初始位置	1	2	3	4	5	6	7	8	9	10	11	12	13
内洗后位置	2	4	6	8	10	12	14	16	18	20	22	24	26
梅花	*A*	*2*	*3*	*4*	*5*	*6*	*7*	*8*	*9*	*10*	*J*	*Q*	*K*
初始位置	14	15	16	17	18	19	20	21	22	23	24	25	26
内洗后位置	28	30	32	34	36	38	40	42	44	46	48	50	52
方块	*K*	*Q*	*J*	*10*	*9*	*8*	*7*	*6*	*5*	*4*	*3*	*2*	*A*
初始位置	27	28	29	30	31	32	33	34	35	36	37	38	39
内洗后位置	1	3	5	7	9	11	13	15	17	19	21	23	25
黑桃	*K*	*Q*	*J*	*10*	*9*	*8*	*7*	*6*	*5*	*4*	*3*	*2*	*A*
初始位置	40	41	42	43	44	45	46	47	48	49	50	51	52
内洗后位置	27	29	31	33	35	37	39	41	43	45	47	49	51

连续内洗后牌的位置变化可用 $g(n)$ 的复合函数表示。

例如，1 号位经 52 次内洗后回到 1 号位，计算过程如下：$g(1) = 2$，$g(g(1)) = g(2) = 4$，$g(g(g(1))) = g(g(2)) = g(4) = 8$，$\cdots$，$\underset{52 \uparrow g}{g(\cdots g(g(1))\cdots)} = 1$。

其他位置的牌经 52 次内洗后回到原位置。

图 1-4 的牌在连续内洗后牌位置的变化如表 1-11 所示。

表 1-11　52 张牌在连续内洗法中的位置变化

原牌组中位置	连续内洗 52 次后的位置变化
1	1→2→4→8→16→32→11→22→44→35→17→34→15→30→7→14→28→3→6→12→24→48→43→33→13→26→52→51→49→45→37→21→42→31→9→18→36→19→38→23→46→39→25→50→47→41→29→5→10→20→40→27→1
2	2→4→8→16→32→11→22→44→35→17→34→15→30→7→14→28→3→6→12→24→48→43→33→13→26→52→51→49→45→37→21→42→31→9→18→36→19→38→23→46→39→25→50→47→41→29→5→10→20→40→27→1→2
3	3→6→12→24→48→43→33→13→26→52→51→49→45→37→21→42→31→9→18→36→19→38→23→46→39→25→50→47→41→29→5→10→20→40→27→1→2→4→8→16→32→11→22→44→35→17→34→15→30→7→14→28→3

原牌组中位置	连续内洗 52 次后的位置变化
…	…
52	52→51→49→45→37→21→42→31→9→18→36→19→38→23→46→39→25→50→47→41→29→5→10→20→40→27→1→2→4→8→16→32→11→22→44→35→17→34→15→30→7→14→28→3→6→12→24→48→43→33→13→26→52

整副牌每个位置的周期都是 52，所以经 52 次内洗回到原排序。

也可以用同余说明 52 张牌经 52 次内洗回到原排序，请读者完成。

（三）外（内）洗回到原排序的次数

$2n$ 张牌经 k 次外（内）洗回到原始排序的部分结果如表 1-12 所示。

表 1-12　$2n$ 张牌经 k 次外（内）洗回到原始排序

牌的张数（$2n$）	外洗回到初始排序的次数	内洗回到初始排序的次数
2	1	2
4	2	4
6	4	3
8	3	6
10	6	10
12	10	12
14	12	4
16	4	8
18	8	18
20	18	6
22	6	11
24	11	20
26	20	18
28	18	28
30	28	5
32	5	10
34	10	12
36	12	36
38	36	12

牌的张数（2n）	外洗回到初始排序的次数	内洗回到初始排序的次数
40	12	20
42	20	14
44	14	12
46	12	23
48	23	21
50	21	8
52	8	52

（四）混合洗牌的变化规律

混合洗牌：一副偶数张的牌，经若干次外洗与内洗后形成的牌。

利用外洗 $f(n) = \begin{cases} 2n-1, & n \leqslant 26 \\ 2n-52, & 27 \leqslant n \leqslant 52 \end{cases}$，内洗 $g(n) = \begin{cases} 2n, & n \leqslant 26 \\ 2 \times (n-26)-1, & 27 \leqslant n \leqslant 52 \end{cases}$

的复合函数可以确定任一张牌经混合洗牌后的位置。

例如，从上到下正面朝上的牌为 A，2，3，…，8。

$$f(n) = \begin{cases} 2n-1, & n \leqslant 4 \\ 2n-8, & 5 \leqslant n \leqslant 8 \end{cases}, \quad g(n) = \begin{cases} 2n, & n \leqslant 4 \\ 2 \times (n-4)-1, & 5 \leqslant n \leqslant 8 \end{cases}$$

如果经一次内洗，再经一次外洗，6 号牌最终到第 5 个位置，即

$$f[g(6)] = f(3) = 2 \times 3 - 1 = 5$$

如果经一次外洗，再经一次内洗，6 号牌最终到第 8 个位置，即

$$g[f(6)] = g(4) = 2 \times 4 = 8$$

如果经两次内洗，再经一次外洗，6 号牌最终到第 4 个位置，即

$$f\{g[g(6)]\} = f[g(3)] = f(6) = 2 \times 6 - 8 = 4$$

利用混合洗牌可以将顶牌洗到任意位置。

例如，52 张牌，要将第 1 张牌洗到第 40 的位置，位置变化如下：$1 \to 2 \to 3 \to 5 \to 10 \to 20 \to 40$，即 $1 \xrightarrow{g(1)} 2 \xrightarrow{f(2)} 3 \xrightarrow{f(3)} 5 \xrightarrow{g(5)} 10 \xrightarrow{g(10)} 20 \xrightarrow{g(20)} 40$。混合洗牌顺序如下：内洗→外洗→外洗→内洗→内洗→内洗，通过六次混合洗牌第 1 张牌到了第 40 张牌位置。

如果用 1 表示内洗，0 表示外洗，结合二进制可以比较快地分析顶牌洗到第 40 位置的步骤如下：$40-1 = 39 = (100111)_2$，从左到右的对应洗牌顺序为：$1 \to$内洗，$0 \to$外洗，$0 \to$外洗，$1 \to$内洗，$1 \to$内洗，$1 \to$内洗。

四、魔术揭秘

（一）外洗法四张 A

魔术师共用了 16 张牌，初始顶部 4 张是 A，一次外洗后 4 张 A 分别洗到了第 1，3，5，7 的位置；第二次外洗后到了第 1，5，9，13 的位置。依次往东、南、西、北四个方位各发一张牌，连发四轮，最后 4 个 A 在东。

（二）内洗法四张 A

魔术师共用了 16 张牌，初始顶部 4 张是 A，一次内洗后 4 张 A 分别洗到了第 2，4，6，8 的位置；第二次内洗后到了第 4，8，12，16 的位置。依次往东、南、西、北四个方位各发一张牌，连发四轮，最后 4 个 A 在北。

（三）顶牌洗到指定位置

魔术师共用了 20 张牌，如果学生选 10，那么用二进制表示为 $10-1=9=(1001)_2$，即先内洗，外洗，再外洗，最后内洗就将顶牌洗到了第 10 张的位置。

五、数学素养

以完美洗牌魔术为载体，通过观赏魔术、体验魔术、感悟魔术、揭秘魔术、交流魔术和创造魔术的过程，使学生能够用数学的眼光观察魔术，培养抽象与概括能力；用数学思维思考魔术，提升推理与论证能力；用数学语言表达魔术，发展模型化与应用能力。

通过魔术培养数学能力：☑归纳总结的能力；☑演绎推理的能力；□准确计算的能力；☑提出问题、分析问题、解决问题的能力；□抽象的能力；□联想的能力；□学习新知识的能力；☑口头和书面的表达能力；☑创新的能力；□灵活运用数学软件的能力。

通过魔术提升数学素养：☑主动探寻并善于抓住数学问题中的背景和本质；☑熟练地用准确、严格、简练的数学语言表达自己的数学思想；□具有良好的科学态度和创新精神，合理地提出数学猜想、数学概念；☑提出猜想并以数学的理性思维，从多角度探寻解决问题的道路；☑善于对现实世界中的现象和过程进行合理的简化和量化，建立数学模型。

六、思考

1. 20 张牌用外洗法、内洗法恢复到初始排序各需几次洗牌？
2. 2^k 张牌用外洗法、内洗法恢复到初始排序各需几次洗牌？
3. 20 张牌，要将第 1 张洗到第 14 张的位置应该怎样洗牌？
4. 利用完美洗牌法创编一个魔术。

七、实践

（一）完美外洗法

假设 52 张牌按 1~52 编码，相应编码的牌分别放在 1~52 的对应位置，请完成经一次外洗后各位置上牌的变化表 1-13。

表 1-13　外洗法洗牌的位置变化

原牌组中的位置	洗后牌组中的位置	位置变化规律
1		
2		
3		
4		
5		
…	…	…
25		
26		
27		
…		…
49		
50		
51		

1. 写出用外洗法洗牌后牌的位置变化。

2. 用外洗法洗牌前后位置变化有什么规律？用函数 $f(n)$ 表示规律。

3. 52 张牌经二次外洗后，初始第 20 张牌最终在什么位置？

4. 52 张牌经几次外洗会回到初始排序？

5. 16 张牌，初始顶部 4 张是 A，一次外洗后 4 张 A 洗到了什么位置？经过第二次外洗后到了什么位置？

6. 请分析外洗法四张 A 的魔术原理。

（二）完美内洗法

1. 写出 52 张牌经一次内洗后牌的位置变化。

2. 用内洗法洗牌前后位置变化有什么规律？用函数 $g(n)$ 表示规律。

3. 52 张牌经二次内洗后，原第 20 张牌最终在什么位置？

4. 52 张牌经几次内洗会回到初始排序？

5. 16 张牌，初始顶部 4 张是 A，一次内洗后 4 张 A 洗到了什么位置？经过第二次内洗后到了什么位置？

6. 请分析内洗法四张 A 的魔术原理。

（三）混合洗牌

混合洗牌：一副偶数张的牌，经若干次外洗与内洗后形成的牌。

从上到下正面朝上的牌为 A，2，3，…，8。如果经一次内洗，再经一次外洗，6 号牌最终到第_____个位置。如果经一次外洗，再经一次内洗，6 号牌最终到第_____个位置。如果经两次内洗，再经一次外洗，6 号牌最终到第_____个位置。

（四）解决问题

52 张牌，要将第 1 张牌洗到第 40 张牌的位置，要怎样洗牌？

（五）反思总结

1. 完成完美洗牌法自我发展评价表 1-14。

 魔术游戏中的数学

表 1-14　完美洗牌法自我发展评价

一级指标	二级指标	二级指标概述	评价标准（高→低）对应（A→C）	发展等级
问题探究	理解对象	通过观察、交流，对问题进行表征，运用所学知识，理解探究的对象	A：数学观察、讨论，运用所学知识，对问题重新表征，从数学的角度理解问题。 B：能够分析、基本理解问题，直接解决问题。 C：被动接受问题，对问题有疑问，或者不能和已有知识建立联系	
	提出猜想	比较已知与未知，预估方向，提出猜想	A：在已知与未知之间建立联系，根据数学表征，比较准确地预估问题解决的方向，提出猜想。 B：了解已知与未知的关系，大概预判解决问题方向，未提出猜想；或者预估错误的方向，提出错误的猜想。 C：对已知和未知关系不清晰，无问题解决方向和研究猜想	
	方案设计	将问题转化为任务，注重逻辑关系及探究形式的选择	A：选择自主探究或者小组合作的探究形式，能够按照逻辑关系设计操作的数学任务并提出具体解决方案。 B：自主探究或者小组合作，能够设计数学任务，但是对各自任务不清晰，解决方案不清晰。 C：按照教师安排进行探究，不清晰数学任务，未能提出解决方案	
	操作实施	选择数学模型实施方案，具体操作包括：运算、推理、实验、数据处理等，并得到结果	A：根据任务和探究方案，能够熟练运用运算、推理、实验等方式，选择合适的数学模型解决问题，得到探究结果。 B：能够运用运算、推理、实验等方式进行探究，建立数学模型但不一定合理，比较困难地得到结果。 C：数学运算、推理、实验等方式运用不够熟练，数学模型应用混乱，未能得到结果	
反思提升	质疑反思	回顾探究过程，表达自己的观点、反思、质疑	A：清晰回归探究洗牌过程，反思数学方法和模型的合理性，对他人的探究进行鉴赏、质疑。 B：能够简单梳理探究洗牌过程，反思较少，对他人的探究很少质疑。 C：不清晰自己是如何探究洗牌过程的，无反思、无质疑	

续表

一级指标	二级指标	二级指标概述	评价标准（高→低）对应（A→C）	发展等级
小组合作	分工协作	小组分工、分配任务、讨论	A：分工明确，任务分配合理，积极参与讨论。 B：分工不够明确，只有基本的任务分配，参与部分讨论。 C：分工不明确，有成员没有任务，不参与讨论	
	汇报交流	成果的展示，汇报交流	A：熟练展示汇报探究成果，赏析他人成果，与其他人分享交流。 B：能够讲清楚探究结果，与他人交流较少。 C：对探究结果讲解不清，不与他人交流	

2. 你在学习完美洗牌魔术中运用到哪些数学知识和能力？请详细列举。

3. 请你用文字进一步描述在完美洗牌魔术过程中的感受。

你的收获：

你的困惑：

你的建议：

第二节　蒙日洗牌

"蒙日洗牌"中每张牌都有变化周期，最大周期是其他周期的倍数。基于此，该洗牌方法不仅可以将一副牌通过若干次洗牌恢复到原来的顺序，还可以精准找出学生选取的牌，也可以知道洗牌后每张牌的位置等。"蒙日洗牌"魔术游戏的操作，可以让学生进一步体验以数学的方式表达洗牌中牌位置变化的规律。

一、魔术流程

扑克牌精准预言的流程：

1. 学生从一副扑克牌中任意选 22 张，选定一张交给魔术师，余下的牌要牌面朝下堆成一叠；

2. 魔术师将手中那张牌牌面朝下放入牌叠的某个位置，请学生进行蒙日洗牌若干次；

3. 魔术师能说出学生所选牌在第几张同时指出经几次洗牌恢复原排序，并验证。

该魔术是利用蒙日洗牌原理设计的。

二、蒙日洗牌

蒙日洗牌[①]：左手拿着一副正面朝下的牌，把第一张牌牌面朝下放在右手，第二张牌牌面朝下放在第一张牌上面，第三张牌牌面朝下放在第一张下面；接下来就反复将左手的牌一张放在右手那叠牌上面，另一张放在右手那叠牌下面洗成一叠。

蒙日洗牌如图 1-14 所示。

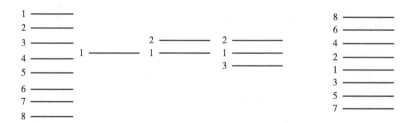

图 1-14　蒙日洗牌图示

蒙日洗牌是 19 世纪法国数学家蒙日（Monge）发现的，该洗牌方法隐藏着许多规律。

例如，从上到下 6 张牌的排序为 A，2，3，4，5，6，通过一次蒙日洗牌后，从上到下排序为 6，4，2，A，3，5，如图 1-15 所示。

上述 6 张牌经 6 次蒙日洗牌回到原排序，如图 1-16 所示。

---

① 迪亚科尼斯，葛立恒．魔法数学：大魔术的数学灵魂［M］．汪晓勤，黄友初，译．上海：上海科技教育出版社，2021.

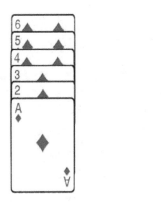
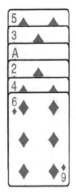

图 1-15　蒙日洗牌示例

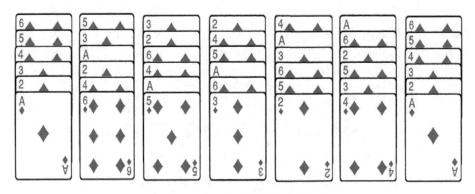

图 1-16　蒙日洗牌回到原排序示例

三、蒙日洗牌的数学原理

(一) 蒙日洗牌的规律

对于正面朝上初始排序为 A，2，3，…，m 的牌，经蒙日洗牌后有如下规律：

1. 第一次洗牌后，奇数点与偶数点的牌会完全分开，从 A 开始，往上偶数点逐渐增大，往下奇数点逐渐增大。

2. 如果是奇数张牌，第一次洗牌后，A 总在中间；不管洗几次，最后一张牌始终在原位置。

3. 经过多次洗牌后，牌堆会回复到初始排序；偶数张和下一个奇数张所需洗牌次数相同。

4. 只要第一张牌 A 回到了顶部，其他牌也都回到了原位。

5. 如果存在多个循环周期，小周期是大周期的因数。

（二）蒙日洗牌的数学原理

考虑从上到下正面朝上的牌初始排序为 A，2，3，4，5，6，7。

洗牌一次后从上到下变为：6，4，2，A，3，5，7

洗牌二次后从上到下变为：5，A，4，6，2，3，7

洗牌三次后从上到下变为：3，6，A，5，4，2，7

洗牌四次后从上到下变为：2，5，6，3，A，4，7

洗牌五次后从上到下变为：4，3，5，2，6，A，7

洗牌六次后从上到下变为：A，2，3，4，5，6，7

为何 7 张牌经 6 次洗牌后恢复原排序呢？我们利用映射与牌位置变化的周期给出说明。

假设初始排序为 A，2，3，…，7 的牌分别对应第 1 到第 7 号位置，由于洗牌改变牌所处的位置，洗牌前后的位置构成一一映射，位置变化是有规律的（如图 1-17 所示）。

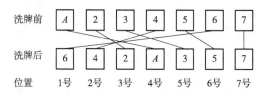

图 1-17　洗牌位置映射

7 张牌经一次洗牌，原 1 号位→4 号位，原 2 号位→3 号位，原 3 号位→5 号位，原 4 号位→2 号位，原 5 号位→6 号位，原 6 号位→1 号位，原 7 号位→7 号位。即位置变化规律为：1→4→2→3→5→6→1，7→7。原 1、2、3、4、5、6 号位置的牌周期是 6，经 6 次洗牌回到原位置。

如果初始排序为 A，2，3，4，5，6，7，8。蒙日洗牌后位置变化规律为：1→5→7→8→1。原 1、5、7、8 号位置的牌周期是 4，经 4 次洗牌回到原位置。

上述洗牌的位置变化可用函数 $f(n)$ 表示。

总牌数为 7 张，第 n 个位置的牌经洗牌后到 $f(n)$ 位置，则

$$f(n)=\begin{cases} \dfrac{7-1}{2}+1+\dfrac{n-1}{2}, & n \text{ 为奇数} \\[2mm] \dfrac{7-1}{2}+1-\dfrac{n}{2}, & n \text{ 为偶数} \end{cases}$$

7 张牌经一次洗牌后位置变化如下：$f(1)=4$，$f(2)=3$，$f(3)=5$，$f(4)=2$，$f(5)=6$，$f(6)=1$，$f(7)=7$。

7 张牌经二次洗牌后位置变化如下：$f(f(1))=f(4)=2$，
$f(f(2))=f(3)=5$，$f(f(3))=f(5)=6$，$f(f(4))=f(2)=3$，
$f(f(5))=f(6)=1$，$f(f(6))=f(1)=4$，$f(f(7))=f(7)=7$。
根据位置变化函数得

$$f(f(f(f(f(f(1))))))=f(f(f(f(4))))=f(f(f(2)))$$
$$=f(f(3))=f(5)=6=1$$

原 1 号位置的牌经过 6 次洗牌回到原位置，其他位置的牌经 6 次洗牌也都回到原位置。

总牌数为 8 张，第 n 个位置的牌经洗牌后到 $f(n)$ 位置，则

$$f(n)=\begin{cases} \dfrac{8}{2}+1+\dfrac{n-1}{2}, & n\text{ 为奇数} \\[2mm] \dfrac{8}{2}+1-\dfrac{n}{2}, & n\text{ 为偶数} \end{cases}$$

8 张牌经一次洗牌后位置变化如下：$f(1)=5$，$f(2)=4$，$f(3)=6$，
$f(4)=3$，$f(5)=7$，$f(6)=2$，$f(7)=8$，$f(8)=1$。

8 张牌经二次洗牌后位置变化如下：$f(f(1))=f(5)=7$，
$f(f(2))=f(4)=3$，$f(f(3))=f(6)=2$，$f(f(4))=f(3)=6$，
$f(f(5))=f(7)=8$，$f(f(6))=f(2)=4$，$f(f(7))=f(8)=1$，
$f(f(8))=f(1)=5$。
根据位置变化函数得

$$f(f(f(f(1))))=f(f(f(5)))=f(f(7))=f(8)=1$$

原 1 号位置的牌经过 4 次洗牌回到原位置，其他位置的牌经 4 次洗牌也都回到原位置。

总结洗牌规律可知，总数为 m 张的牌，第 n 个位置的牌经蒙日洗牌后到了 $f(n)$，则

当 m 为偶数，$f(n)=\begin{cases} \dfrac{m}{2}+1+\dfrac{n-1}{2}, & n\text{ 为奇数} \\[2mm] \dfrac{m}{2}+1-\dfrac{n}{2}, & n\text{ 为偶数} \end{cases}$

当 m 为奇数，$f(n)=\begin{cases} \dfrac{m-1}{2}+1+\dfrac{n-1}{2}, & n\text{ 为奇数} \\[2mm] \dfrac{m-1}{2}+1-\dfrac{n}{2}, & n\text{ 为偶数} \end{cases}$

这就是蒙日洗牌的数学原理。

如果存在 k 使得 $f(k)=k$，则称 k 为不动点。当 $m\leqslant 54$ 时，可得偶数不动

点如下：

$m = 4$、5，则 $f(2) = 2$；

$m = 10$、11，则 $f(4) = 4$；

$m = 16$、17，则 $f(6) = 6$；

$m = 22$、23，则 $f(8) = 8$；

$m = 28$、29，则 $f(10) = 10$；

$m = 34$、35，则 $f(12) = 12$；

$m = 40$、41，则 $f(14) = 14$；

$m = 46$、47，则 $f(16) = 16$；

$m = 52$、53，则 $f(18) = 18$。

四、魔术揭秘

精准预言魔术共用了 22 张牌，假设 22 张牌的位置如下：1，2，3，4，5，6，7，8，9，10，11，12，13，14，15，16，17，18，19，20，21，22。

经蒙日洗牌后位置变化函数为

$$f(n) = \begin{cases} \dfrac{22}{2} + 1 + \dfrac{n-1}{2}, & n \text{ 为奇数} \\[2mm] \dfrac{22}{2} + 1 - \dfrac{n}{2}, & n \text{ 为偶数} \end{cases}$$

经一次洗牌后位置变化如下：$f(1) = 12$，$f(2) = 11$，$f(3) = 13$，$f(4) = 10$，$f(5) = 14$，$f(6) = 9$，$f(7) = 15$，$f(8) = 8$，$f(9) = 16$，$f(10) = 7$，$f(11) = 17$，$f(12) = 6$，$f(13) = 18$，$f(14) = 5$，$f(15) = 19$，$f(16) = 4$，$f(17) = 20$，$f(18) = 3$，$f(19) = 21$，$f(20) = 2$，$f(21) = 22$，$f(7) = 8$，$f(22) = 1$。

经二次洗牌后位置变化如下：$f(f(1)) = f(12) = 6$，$f(f(2)) = f(11) = 17$，$f(f(3)) = f(13) = 18$，$f(f(4)) = f(10) = 7$，$f(f(5)) = f(14) = 5$，$f(f(6)) = f(9) = 16$，$f(f(7)) = f(15) = 19$，$f(f(8)) = f(8) = 8$，$f(f(9)) = f(16) = 4$，$f(f(10)) = f(7) = 15$，$f(f(11)) = f(17) = 20$，$f(f(12)) = f(6) = 9$，$f(f(13)) = f(18) = 3$，$f(f(14)) = f(5) = 14$，$f(f(15)) = f(19) = 21$，$f(f(16)) = f(4) = 10$，$f(f(17)) = f(20) = 2$，$f(f(18)) = f(3) = 13$，$f(f(19)) = f(21) = 22$，$f(f(20)) = f(2) = 11$，$f(f(21)) = f(22) = 1$，$f(f(22)) = f(1) = 12$。

……

22 张牌经 12 次洗牌后 1 号位到了 $\underbrace{f(\cdots f(f(1))\cdots)}_{12\text{个}f} = 1$ 号位。其他位置的

牌经 12 次洗牌也都回到了原位置。

22 张牌经 12 次洗牌后的位置变化如表 1-15 所示。

表 1-15　22 张牌经 12 次洗牌的位置变化

原位置	一次洗牌后位置	二次洗牌后位置	三次洗牌后位置	四次洗牌后位置	五次洗牌后位置	六次洗牌后位置	七次洗牌后位置	八次洗牌后位置	九次洗牌后位置	十次洗牌后位置	十一次洗牌后位置	十二次洗牌后位置
1	22	21	19	15	7	10	4	16	9	6	12	1
2	20	17	11	2	20	17	11	2	20	17	11	2
3	18	13	3	18	13	3	18	13	3	18	13	3
4	16	9	6	12	1	22	21	19	15	7	10	4
5	14	5	14	5	14	5	14	5	14	5	14	5
6	12	1	22	21	19	15	7	10	4	16	9	6
7	10	4	16	9	6	12	1	22	21	19	15	7
8	8	8	8	8	8	8	8	8	8	8	8	8
9	6	12	1	22	21	19	15	7	10	4	16	9
10	4	16	9	6	12	1	22	21	19	15	7	10
11	2	20	17	11	2	20	17	11	2	20	17	11
12	1	22	21	19	15	7	10	4	16	9	6	12
13	3	18	13	3	18	13	3	18	13	3	18	13
14	5	14	5	14	5	14	5	14	5	14	5	14
15	7	10	4	16	9	6	12	1	22	21	19	15
16	9	6	12	1	22	21	19	15	7	10	4	16
17	11	2	20	17	11	2	20	17	11	2	20	17
18	13	3	18	13	3	18	13	3	18	13	3	18
19	15	7	10	4	16	9	6	12	1	22	21	19
20	17	11	2	20	17	11	2	20	17	11	2	20
21	19	15	7	10	4	16	9	6	12	1	22	21
22	21	19	15	7	10	4	16	9	6	12	1	22

22 张牌在连续蒙日洗牌下的位置变化如表 1-16 所示。

表 1-16　22 张牌在连续蒙日洗牌下的位置变化规律

原牌组中位置	12 次连续洗牌后的位置变化规律
1	1→12→6→9→16→4→10→7→15→19→21→22→1
2	2→11→17→20→2

原牌组中位置	12 次连续洗牌后的位置变化规律
3	3→13→18→3
4	4→10→7→15→19→21→22→1→12→6→9→16→4
5	5→14→5
6	6→9→16→4→10→7→15→19→21→22→1→12→6
7	7→15→19→21→22→1→12→6→9→16→4→10→7
8	8→8
…	…
22	22→1→12→6→9→16→4→10→7→15→19→21→22

原 1、4、6、7、9、10、12、15、16、19、21、22 号牌位置的周期都是 12；2、11、17、20 号位置的周期均为 4；3、13、18 号位置牌的周期都是 3；5、14 号位置的周期是 2；8 号牌位置不动。当周期为 12 的牌回到原位置，其他也回到了原位置。

原 8 号位始终不变，所以魔术师将那张牌放在 8 号位置。

五、魔术拓展

（一）成双成对

魔术师拿出一副牌（8 张）请两位学生先切牌，然后每位进行一次蒙日洗牌；请一位从上到下连续两张为一对（牌面朝下）放在桌上，发成 4 对，结果每对的点数相同。

（二）A 在哪里

将 8 张牌按 A、2、3、4、5、6、7、8 排好，请学生做几次蒙日洗牌的演示，翻开第一张牌就能知道 A 在哪里。

（三）两位杰出女性

一副牌中选出 12 张牌，其中两张牌分别是红桃 3、8，代表两位杰出的女性，将 12 张牌按一定顺序排列，请学生作几次蒙日洗牌；魔术师将洗完的牌放在背后，数了一下，就找出了代表杰出女性的两张牌。

（四）22 张牌

魔术师看了看学生洗好的 22 张牌，再进行若干次蒙日洗牌，魔术师就能说出第 5 张与第 14 张牌。

六、数学素养

以蒙日洗牌魔术为载体，通过观赏魔术、体验魔术、感悟魔术、揭秘魔术、交流魔术和创造魔术的过程，使学生能够用数学的眼光观察魔术，培养抽象与概括能力；用数学思维思考魔术，提升推理与论证能力；用数学语言表达魔术，发展模型化与应用能力。

通过魔术培养数学能力：☑归纳总结的能力；☑演绎推理的能力；□准确计算的能力；☑提出问题、分析问题、解决问题的能力；☑抽象的能力；□联想的能力；□学习新知识的能力；☑口头和书面的表达能力；☑创新的能力；□灵活运用数学软件的能力。

通过魔术提升数学素养：☑主动探寻并善于抓住数学问题中的背景和本质；☑熟练地用准确、严格、简练的数学语言表达自己的数学思想；□具有良好的科学态度和创新精神，合理地提出数学猜想、数学概念；☑提出猜想并以数学的理性思维，从多角度探寻解决问题的道路；☑善于对现实世界中的现象和过程进行合理的简化和量化，建立数学模型。

七、思考

1. 20 张牌经几次蒙日洗牌能恢复到原排序？2^k 张呢？

2. 16 张牌经蒙日洗牌恢复到原排序时，找出每张牌的循环周期，思考这些周期之间有何规律？

3. 探究 $m(m \leqslant 54)$ 张牌的蒙日洗牌，如果第 k 张位置不变，那么 m，k 应该满足什么关系？

4. 利用蒙日洗牌设计一个魔术。

八、实践

（一）体验蒙日洗牌

从上到下 6 张牌的排序为 A，2，3，4，5，6，进行蒙日洗牌，按要求完成表 1-17。

表 1-17　6 张牌的蒙日洗牌记录表

原排序（从上到下）	第一次蒙日洗牌后排序	第二次蒙日洗牌后排序	第三次蒙日洗牌后排序	第四次蒙日洗牌后排序	第五次蒙日洗牌后排序	第六次蒙日洗牌后排序
A						
2						

原排序 （从上到下）	第一次蒙日 洗牌后排序	第二次蒙日 洗牌后排序	第三次蒙日 洗牌后排序	第四次蒙日 洗牌后排序	第五次蒙日 洗牌后排序	第六次蒙日 洗牌后排序
3						
4						
5						
6						

1. 写出经一次蒙日洗牌后，6 张牌的位置如何改变？

2. 要使 A 回到原位置需几次洗牌？A 的位置变化周期是多少？其他牌呢？

3. 原排序中的 4，经过两次蒙日洗牌后到了哪个位置？怎么确定的？

4. 怎样确定某张牌经过多次蒙日洗牌后的位置？

5. 仿照上述，探究从上到下 7 张牌的排序为 A，2，3，4，5，6，7 的蒙日洗牌，按要求完成表 1–18。

表 1–18　7 张牌的蒙日洗牌记录表

原排序 （从上到下）	第一次蒙日 洗牌后排序	第二次蒙日 洗牌后排序	第三次蒙日 洗牌后排序	…		
A						
2						
3						
4						

原排序 （从上到下）	第一次蒙日 洗牌后排序	第二次蒙日 洗牌后排序	第三次蒙日 洗牌后排序	…		
5						
6						
7						

6. 对于蒙日洗牌你有什么发现？

（二）蒙日洗牌后位置变化的表示

1. 总牌数 $m = 7$，第 n 个位置的牌经洗牌后到 $f(n)$ 位置，则 $f(n)$ 的解析式为 $f(n) = $ _____

经一次洗牌后，$f(1) = 4$，$f(2) = 3$，$f(3) = 5$，$f(4) = 2$，$f(5) = 6$，$f(6) = 1$，$f(7) = 7$。

经二次洗牌后，原 3 号位的牌到了 _____（用函数表示）位置。

经六次洗牌后，原 1 号位的牌到了 _____（用函数表示）位置。

你的发现：

2. 总牌数 $m = 8$，第 n 个位置的牌经洗牌后到 $f(n)$ 位置，则 $f(n)$ 的解析式为 $f(n) = $ _____

3. 若总数为 m 张的牌，第 n 个位置的牌经蒙日洗牌后到了 $f(n)$，则 $f(n) = $ _____

4. 如果存在 k 使得 $f(k) = k$，则称 k 为不动点。当 $m \leqslant 54$ 时，找出所有偶数不动点。

（三）解决问题

利用函数表达式分析精准预言魔术与魔术拓展中的数学原理。

（四）反思总结

1. 完成蒙日洗牌法自我发展评价表 1–19。

表 1–19　蒙日洗牌法自我发展评价

一级指标	二级指标	二级指标概述	评价标准（高→低）对应（A→C）	发展等级
问题探究	理解对象	通过观察、交流，对问题进行表征，运用所学知识，理解探究的对象	A：数学观察、讨论，运用所学知识，对问题重新表征，从数学的角度理解问题。 B：能够分析、基本理解问题，直接解决问题。 C：被动接受问题，对问题有疑问，或者不能和已有知识建立联系	
	提出猜想	比较已知与未知，预估方向，提出猜想	A：在已知与未知之间建立联系，根据数学表征，比较准确地预估问题解决的方向，提出猜想。 B：了解已知与未知关系，大概预判解决问题方向，未提出猜想；或者预估错误的方向，提出错误的猜想。 C：对已知和未知关系不清晰，无问题解决方向和研究猜想	
	方案设计	将问题转化为任务，注重逻辑关系及探究形式的选择	A：选择自主探究或者小组合作的探究形式，能够按照逻辑关系设计操作的数学任务并提出具体解决方案。 B：自主探究或者小组合作，能够设计数学任务，但是对各任务关系不清晰，解决方案不清晰。 C：按照教师安排进行探究，不清晰数学任务，未能提出解决方案	
	操作实施	选择数学模型实施方案，具体操作包括：运算、推理、实验、数据处理等，并得到结果	A：根据任务和探究方案，能够熟练运用运算、推理、实验等方式，选择合适的数学模型解决问题，得到探究结果。 B：能够运用运算、推理、实验等方式进行探究，建立数学模型但不一定合理，比较困难地得到结果。 C：数学运算、推理、实验等方式运用不够熟练，数学模型应用混乱，未能得到结果	
反思提升	质疑反思	回顾探究过程，表达自己的观点，反思、质疑	A：清晰回归探究过程，反思数学方法和模型的合理性，对他人的探究进行鉴赏、质疑。 B：能够简单地梳理探究过程，反思较少，对他人的探究很少质疑。 C：不清晰自己是如何探究的，无反思、无质疑	

一级指标	二级指标	二级指标概述	评价标准（高→低）对应（A→C）	发展等级
小组合作	分工协作	小组分工、分配任务、讨论	A：分工明确，任务分配合理，积极参与讨论。 B：分工不够明确，只有基本的任务分配，参与部分讨论。 C：分工不明确，有成员没有任务，不参与讨论	
	汇报交流	成果的展示，汇报交流	A：熟练展示汇报探究成果，赏析他人成果，与其他人分享交流。 B：能够讲清楚探究结果，与他人交流较少。 C：对探究结果讲解不清，不与他人交流	

2. 你在学习蒙日洗牌魔术中运用到哪些数学知识？请详细列举。

3. 请你用文字进一步描述在蒙日洗牌魔术过程中的感受。
你的收获：

你的困惑：

你的建议：

第三节　发一藏一洗牌

利用发一藏一洗牌，你能够控制拿牌，特殊之处在于最后一张牌有其变化规律，该变化规律可以通过特例出发，操作、记录、归纳得出，也可以用二进制表示该洗牌规律。学习本节内容，培养学生抽象、逆向推理的探究能力。

一、魔术流程

发一藏一洗牌魔术流程：
1. 魔术师拿出一副牌，请学生洗牌后将部分牌交替发成张数相等的两叠放在桌上；
2. 请学生从三叠牌（桌上两叠，学生手中一叠）中任选一叠。

如果学生选的是桌上的一叠，请他看看手中牌叠最底下的那张牌并牢记花色和数字，然后将这叠牌放到所选牌叠上面，对这个新牌叠实施发一藏一洗牌，最后一张就是学生记住的牌；

如果学生选的不是桌上的一叠，请他看看手中牌叠最底下的那张牌并牢记花色和数字，然后将这叠牌放到桌上任何一叠上面，对这个新牌叠实施发一藏一洗牌，最后一张就是学生记住的牌。

该魔术是利用发一藏一洗牌设计的。

二、发一藏一洗牌

发一藏一洗牌：对一副牌，从顶到底的顺序一张一张洗牌，将第一张放在桌上，第二张放在原牌叠的底部，第三张放在第一张上面，第四张放在第二张下面，按这样依次进行直到所有牌都放在桌上成一叠。

发一藏一洗牌流程如图 1-18 所示。

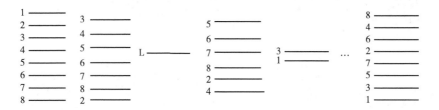

图 1-18　发一藏一洗牌图示

例如，从上到下 6 张牌的排序为 A，2，3，4，5，6，通过一次发一藏一洗牌后，原来的 6 张牌从上到下的排序为 4，6，2，5，3，A，如图 1-19 所示。

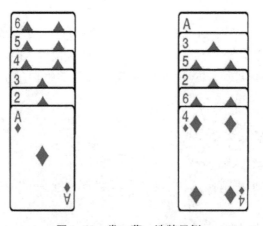

图 1-19　发一藏一洗牌示例

6张牌通过6次发一藏一洗牌回到原排序,如图1-20所示。

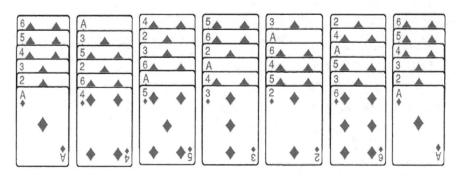

图1-20　发一藏一洗牌回到原排序

三、发一藏一洗牌的数学原理

发一藏一魔术能成功的关键是学生记住的那张底牌成为洗牌后的最后一张,所以先探究N张牌经过发一藏一洗牌,最后一张的变化规律。

牌的张数与洗牌后最后一张的统计如表1-20所示。

表1-20　发一藏一洗牌最后一张牌的统计

牌的张数	最后一张牌	牌的张数	最后一张牌	牌的张数	最后一张牌
2	2	13	10	24	16
3	2	14	12	25	18
4	4	15	14	26	20
5	2	16	16	27	22
6	4	17	2	28	24
7	6	18	4	29	26
8	8	19	6	30	28
9	2	20	8	31	30
10	4	21	10	32	32
11	6	22	12	33	2
12	8	23	14	34	4

观察发现当$3 \leqslant N \leqslant 4$时,最后一张分别对应2与4;当$5 \leqslant N \leqslant 8$时,最后一张分别对应2到8之间的偶数;当$9 \leqslant N \leqslant 16$时,最后一张分别对应2到16之间的偶数;当$17 \leqslant N \leqslant 32$时,最后一张分别对应2到32之间的

偶数。

若 k 是满足 $2^k < N \leq 2^{k+1}$ 的最大自然数，则 N 张牌经发一藏一洗牌，最后一张是 $2(N - 2^k)$。

例如，$N = 19$，$k = 4$，$2^4 < 19 \leq 2^{4+1}$，洗牌后最后一张为 $2 \times (19 - 2^4) = 6$。

如果从二进制看，N 可以表示为若干个 2^m 的和。

例如，$19 = 2^4 + 2^1 + 2^0 = (10011)_2$，将该二进制最高位的 1 移到最右边再写成 0 得 $(00110)_2 = 6$ 就是最后一张牌。

四、魔术揭秘

发一藏一洗牌魔术用了 $N = 2^5$ 张牌。假设桌上每叠牌有 $m(1 \leq m \leq 15)$ 张，则手中有 $(2^5 - 2m)$ 张，新牌叠有 $(2^5 - m)$ 张，学生记住的是原牌叠的第 32 张也就是新牌叠的第 $(32 - 2m)$ 张，新牌叠经洗牌后最后一张是 $2[(2^5 - m) - 2^k]$。

当 $1 \leq m \leq 15$ 时，$17 \leq (2^5 - m) \leq 31$。满足 $2^k < (2^5 - m) \leq 2^{k+1}$ 的最大自然数 $k = 4$，则 $2[(2^5 - m) - 2^k] = 32 - 2m$，就是学生记住的那张牌。

五、魔术拓展

魔术师给学生一副牌（16 张），请他分成张数不等的两叠，数出张数少的那叠张数并记住，接着让他看一眼另外一叠的底牌。魔术师从中数出记住的张数并将剩余牌放在上面，请学生按发一藏一洗牌，最上面那张就是学生记住的牌。

六、数学素养

以发一藏一洗牌魔术为载体，通过观赏魔术、体验魔术、感悟魔术、揭秘魔术、交流魔术和创造魔术的过程，使学生能够用数学的眼光观察魔术，培养抽象与概括能力；用数学思维思考魔术，提升推理与论证能力；用数学语言表达魔术，发展模型化与应用能力。

通过魔术培养数学能力：☑归纳总结的能力；□演绎推理的能力；□准确计算的能力；☑提出问题、分析问题、解决问题的能力；□抽象的能力；□联想的能力；□学习新知识的能力；☑口头和书面的表达能力；□创新的能力；□灵活运用数学软件的能力。

通过魔术提升数学素养：☑主动探寻并善于抓住数学问题中的背景和本质；☑熟练地用准确、严格、简练的数学语言表达自己的数学思想；□具有良好的科学态度和创新精神，合理地提出数学猜想、数学概念；☑提出猜想并以数学的理性思维，从多角度探寻解决问题的道路；☑善于对现实世界中的现象和过程进行合理的简化和量化，建立数学模型。

七、思考

1. 按 A，2，3，…，10 排序的牌经发一藏一洗牌 3 次后，原来的 2 在第几张？洗牌几次后会回到原排序？

2. 2^k 张牌经几次发一藏一洗牌后会回到原排序？

3. 利用发一藏一洗牌的数学原理设计一个魔术。

八、实践

（一）体验发一藏一洗牌

1. 从上到下 6 张牌的排序为：A，2，3，4，5，6，进行发一藏一洗牌，记录每次洗牌后的排序填入表 1–21。

表 1–21　6 张牌发一藏一洗牌统计表

原排序 （从上到下）	第一次洗牌 后排序	第二次洗牌 后排序	第三次洗牌 后排序	第四次洗牌 后排序	第五次洗牌 后排序	第六次洗牌 后排序
A						
2						
3						
4						
5						
6						

2. 洗完牌后的最后一张牌是洗牌前的第几张？

3. 请按照上述过程完成 A，2，3，4，5，6，7 排序的 7 张牌进行发一藏一洗牌，记录每次洗牌后的排序。

4. 你有何发现？

（二）发一藏一洗牌的最后一张牌

1. 枚举归纳。

将 N（$2 \leq N \leq 34$）张牌对应到 $1-N$ 的位置，探究洗牌后 N 张牌中最后一张牌的规律，完成表 1-22。

表 1-22 发一藏一洗牌最后一张牌统计

牌的张数	最后一张牌	牌的张数	最后一张牌	牌的张数	最后一张牌
2		13		24	
3		14		25	
4		15		26	
5		16		27	
6		17		28	
7		18		29	
8		19		30	
9		20		31	
10		21		32	
11		22		33	
12		23		34	

数据整理：

当 $3 \leq N \leq 4$ 时，最后一张分别对应洗牌前原牌的_____与_____；

当 $5 \leq N \leq 8$ 时，最后一张分别对应洗牌前原牌的_____；

当 $9 \leq N \leq 16$ 时，最后一张分别对应洗牌前原牌的_____；

当 $17 \leq N \leq 32$ 时，最后一张分别对应洗牌前原牌的_____；

所以，当 $2 \leq N \leq 34$ 时，最后一张都是洗牌前原牌的_____位置。

总结概括：若 k 是满足 $2^k < N \leq 2^{k+1}$ 的最大自然数，则 N 张牌经发一藏一洗牌，最后一张是_____。

数学应用规律：例如，$N = 19$，$k = 4$，$2^4 < 19 \leq 2^{4+1}$，洗牌后最后一张为_____。

2. 二进制表示。

如果用二进制表示，N 可以表示为若干个 2^m 的和。

例如，$19 = 2^4 + 2^1 + 2^0 = (10011)_2$，将该二进制最高位的 1 移到最右边再写成 0 得 $(00110)_2 = 6$ 就是最后一张牌。

（三）解决问题

请分析发一藏一洗牌魔术拓展的数学原理。

（四）反思总结

1. 完成发一藏一洗牌法自我发展评价表 1-23。

表 1-23　发一藏一洗牌法自我发展评价表

一级指标	二级指标	二级指标概述	评价标准（高→低）对应（A→C）	发展等级
问题探究	理解对象	通过观察、交流，对问题进行表征，运用所学知识，理解探究的对象	A：数学观察、讨论，运用所学知识，对问题重新表征，从数学的角度理解问题。 B：能够分析、基本理解问题，直接解决问题。 C：被动接受问题，对问题有疑问，或者不能和已有知识建立联系	
	提出猜想	比较已知与未知，预估方向，提出猜想	A：在已知与未知之间建立联系，根据数学表征，比较准确地预估问题解决的方向，提出猜想。 B：了解已知与未知关系，大概预判解决问题方向，未提出猜想；或者预估错误的方向，提出错误的猜想。 C：对已知和未知关系不清晰，无问题解决方向和研究猜想	
	方案设计	将问题转化为任务，注重逻辑关系及探究形式的选择	A：选择自主探究或者小组合作的探究形式，能够按照逻辑关系设计操作的数学任务并提出具体解决方案。 B：自主探究或者小组合作，能够设计数学任务，但是对各自任务不清晰，解决方案不清晰。 C：按照教师安排进行探究，不清晰数学任务，未能提出解决方案	
	操作实施	选择数学模型实施方案，具体操作包括：运算、推理、实验、数据处理等，并得到结果	A：根据任务和探究方案，能够熟练运用运算、推理、实验等方式，选择合适的数学模型解决问题，得到探究结果。 B：能够运用运算、推理、实验等方式进行探究，建立数学模型但不一定合理，比较困难地得到结果。 C：数学运算、推理、实验等方式运用不够熟练，数学模型应用混乱，未能得到结果	

续表

一级指标	二级指标	二级指标概述	评价标准（高→低）对应（A→C）	发展等级
反思提升	质疑反思	回顾探究过程，表达自己的观点，反思、质疑	A：清晰回归探究洗牌过程，反思数学方法和模型的合理性，对他人的探究进行鉴赏、质疑。 B：能够简单梳理探究洗牌过程，反思较少，对他人的探究很少质疑。 C：不清晰自己是如何探究洗牌过程的，无反思、无质疑	
小组合作	分工协作	小组分工、分配任务、讨论	A：分工明确，任务分配合理，积极参与讨论。 B：分工不够明确，只有基本的任务分配，参与部分讨论。 C：分工不明确，有成员没有任务，不参与讨论	
	汇报交流	成果的展示，汇报交流	A：熟练展示汇报探究成果，赏析他人成果，与其他人分享交流。 B：能够讲清楚探究结果，与他人交流较少。 C：对探究结果讲解不清，不与他人交流	

2. 你在学习发一藏一洗牌魔术中运用到哪些数学知识和能力？请详细列举。

3. 请你用文字进一步描述在发一藏一洗牌魔术中的感受。
你的收获：

你的困惑：

你的建议：

第四节　挤奶洗牌

挤奶洗牌因洗牌手法与挤奶相似而得名。通过挤奶洗牌，引导学生找寻与前面几种洗牌手法的不同之处。学习本节内容你将获得挤奶洗牌中牌位置变化的函数模型，利用函数模型探究洗牌之后牌的变化周期、不动点，学会抽象、推理、模型的思维方法，能够基于挤奶洗牌创编新的魔术游戏，发展数学能力。

一、魔术流程

（一）定位王牌流程

1. 学生取出两张王牌，魔术师将王牌插入桌上那叠牌里后背对学生，请学生进行挤奶洗牌若干次；

2. 魔术师能定位王牌所处的位置。

（二）精准识牌流程

1. 魔术师拿出一副牌，学生随机洗牌后魔术师看了一眼牌面，转身背对学生，请学生进行挤奶洗牌若干次；

2. 魔术师能准确说出第三张牌的花色与点数。

这两个魔术是利用挤奶洗牌设计的。

二、挤奶洗牌

挤奶洗牌：左手拿着一副偶数张的牌，右手拇指放在顶部，食指放在底部，向右滑动挤出顶部与底部的一对放在桌上，再从剩余牌叠中按上述方法挤出一对，放在之前那对上面，依此，最后得到完整的新牌叠。

从上到下正面朝上的 6 张牌顺序为 A，2，…，6，经一次挤奶洗牌后顺序为 3，4，…，A，6，如图 1-21 所示。

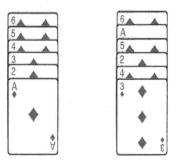

图 1-21　挤奶洗牌示例

初始 6 张牌经 5 次挤奶洗牌回到原排序，如图 1-22 所示。

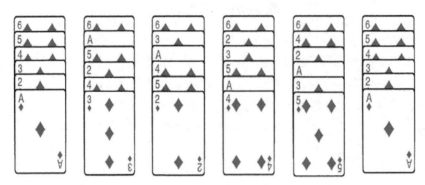

图 1-22　挤奶洗牌回到原排序示例

三、挤奶洗牌的数学原理

（一）位置变化规律

从上到下编号为 1~4 的牌经一次挤奶洗牌后，牌的位置变化如下：1→3，2→1，3→2，4→4。牌的位置变化也可以表示为 1→3→2→1，4→4。1、2、3 号牌周期为 3，4 号牌周期为 1，经过 3 次洗牌所有牌回到原排序。

从上到下编号为 1~6 的牌经一次挤奶洗牌后，牌的位置变化如下：1→5，2→3，3→1，4→2，5→4，6→6。也可以表示为 1→5→4→2→3→1，6→6。1、2、3、4、5 号牌周期为 5，6 号牌周期为 1，经过 5 次洗牌所有牌回到原排序。

从上到下编号为 1~8 的牌经一次挤奶洗牌后，牌的位置变化如下：1→7，2→5，3→3，4→1，5→2，6→4，7→6，8→8。也可以表示为 1→7→6→4→1，2→5→2，3→3，8→8。1、4、6、7 号牌周期为 4，2、5 号牌周期为 2，8 号牌周期为 1，经过 4 次洗牌所有牌回到原排序。

位置变化最大周期的牌回到原位置。其他牌也回到了原位置。其余变化周期是最大周期的因数。

由此，从上到下编号为 1~2n 的 2n 张牌经一次挤奶洗牌后，牌的位置变化如下：1→(2n−1)，2→(2n−3)，3→(2n−5)，…，n→1，(n+1)→2，(n+2)→4，…，(2n−1)→(2n−2)，2n→2n。

原位置为 k 的牌一次挤奶洗牌后为 f(k)，其中 f(k) 如下：

$$f(k)=\begin{cases}2n-(2k-1), & k \leqslant n \\ 2k-2n, & (n+1) \leqslant k \leqslant 2n\end{cases}$$

例如，$2n = 16$ 时，

$$f(k) = \begin{cases} 16 - (2k - 1)，& k \leq 8 \\ 2k - 16，& 9 \leq k \leq 16 \end{cases}$$

其中 $f(1) = 15$，$f(2) = 13$，$f(3) = 11$，$f(4) = 9$，$f(5) = 7$，$f(6) = 5$，
$f(7) = 3$，$f(8) = 1$，$f(9) = 2$，$f(10) = 4$，$f(11) = 6$，$f(12) = 8$，
$f(13) = 10$，$f(14) = 12$，$f(15) = 14$，$f(16) = 16$。

如果连续挤奶洗牌 2 次，那么牌最后的位置可用 $f(f(k))$ 表示，其中

$$f(f(k)) = \begin{cases} 16 - (2f(k) - 1)，& f(k) \leq 8 \\ 2f(k) - 16，& 9 \leq f(k) \leq 16 \end{cases}$$

1 号牌经过 5 次洗牌后的位置为 $f(f(f(f(f(1))))) = 1$，计算如下：

$$f(1) = 15$$
$$f(f(1)) = f(15) = 14$$
$$f(f(f(1))) = f(14) = 12$$
$$f(f(f(f(1)))) = f(12) = 8$$
$$f(f(f(f(f(1))))) = f(8) = 1$$

由此易得 16 张牌经过 5 次洗牌回到原排序，各牌位置具体变化如下：

1→15→14→12→8→1，

2→13→10→4→9→2，

3→11→6→5→7→3，16→16

（二）洗牌的不动点

当 $(n + 1) \leq k \leq 2n$，$f(k) = k$，得不动点 $k = 2n$。

当 $k \leq n$，$f(k) = k$，得不动点 $k = \dfrac{2n + 1}{3}$。

挤奶洗牌中如果存在奇数不动点，那么 $(2n + 1)$ 为 3 的倍数。但是当 $(2n + 1)$ 为 3 的倍数时，不一定存在奇数不动点。

四、魔术揭秘

定位王牌与精准识牌就是利用洗牌的位置变化规律与不动点设计的。

（一）定位王牌揭秘

该魔术用了 18 张牌

$$f(k) = \begin{cases} 18 - (2k - 1)，& k \leq 9 \\ 2k - 18，& 10 \leq k \leq 18 \end{cases}$$

其中，$f(1) = 17$，$f(2) = 15$，$f(3) = 13$，$f(4) = 11$，$f(5) = 9$，$f(6) = 7$，
$f(7) = 5$，$f(8) = 3$，$f(9) = 1$，$f(10) = 2$，$f(11) = 4$，$f(12) = 6$，

$f(13) = 8$，$f(14) = 10$，$f(15) = 12$，$f(16) = 14$，$f(17) = 16$，
$f(18) = 18$。

因为 $f(4) = 11$，$f(11) = 4$，得 4→11→4，所以 4、11 号的周期为 2，在这两个位置插入王牌就可以成功。

（二）精准识牌揭秘

该魔术用了 8 张牌，不动点 $k = 3$，魔术师只需记住第 3 张牌即可成功。

五、魔术拓展

（一）定位王牌 2

共用 8 张牌，将两张王牌插入 2、5 号位置。

（二）精准识牌 2

用 14 张或 20 张牌，记住第 5 张或第 7 张牌。

（三）顶牌洗到任意位置

用 6 张或 10 张牌，根据洗牌位置变化规律，可以将顶牌洗到 1~5 或 1~9 的位置。

六、数学素养

以挤奶洗牌魔术为载体，通过观赏魔术、体验魔术、感悟魔术、揭秘魔术、交流魔术和创造魔术的过程，使学生能够用数学的眼光观察魔术，培养抽象与概括能力；用数学思维思考魔术，提升推理与论证能力；用数学语言表达魔术，发展模型化与应用能力。

通过魔术培养数学能力：☑归纳总结的能力；☑演绎推理的能力；□准确计算的能力；☑提出问题、分析问题、解决问题的能力；□抽象的能力；□联想的能力；□学习新知识的能力；☑口头和书面的表达能力；☑创新的能力；□灵活运用数学软件的能力。

通过魔术提升数学素养：☑主动探寻并善于抓住数学问题中的背景和本质；☑熟练地用准确、严格、简练的数学语言表达自己的数学思想；□具有良好的科学态度和创新精神，合理地提出数学猜想、数学概念；☑提出猜想并以"数学方式"的理性思维，从多角度探寻解决问题的道路；☑善于对现实世界中的现象和过程进行合理的简化和量化，建立数学模型。

七、思考

1. 探究 $2n(2n \leq 36)$ 张牌需经过几次挤奶洗牌回到原排序？
2. 利用挤奶洗牌法设计一个魔术。

八、实践

（一）挤奶洗牌后的位置变化

1. 假设 6 张牌按 1~6 编号，相应编号的牌分别放在 1~6 的对应位置，请完成经一次挤奶洗牌后各位置上牌的变化表 1–24。

表 1–24　6 张牌经一次挤奶洗牌后位置的变化

原牌组中牌序	洗后牌组中牌序
1	
2	
3	
4	
5	
6	

写下洗牌前后牌的位置变化。

用 8 张、10 张牌洗牌，写下洗牌前后牌的位置变化。

2. $2n$ 张牌经一次挤奶洗牌后牌的位置变化。

$2n$ 张牌经一次挤奶洗牌后牌的位置变化规律？

洗牌前编号为 k 的牌经过一次洗牌后到了 $f(k)$，写出 $f(k)$ 的解析式。

洗牌前编号为 k 的牌经过连续二次挤奶洗牌后到了 ＿＿＿＿＿＿个位置（用 $f(k)$ 表示）。

3. 当 $2n = 16$ 时，计算各 $f(k)$ 的值。

如果经过两次挤奶洗牌，请计算 $f(f(k))$ 。

1 号牌经过 5 次洗牌后的位置为 $f(f(f(f(f(1)))))$ = _____
说一说你怎么算的。

写出经过 5 次挤奶洗牌后每张牌的位置是如何变化的？有什么规律？

4. 怎样寻找洗牌的不动点 k ？

当 $2n = 8$，14，20 时，找出相应的不动点。

（二）解决问题
定位王牌魔术用了 18 张牌，魔术师在 _____ 位置插入王牌就可以成功。

精准识牌魔术用了 8 张牌，魔术师只需记住第 _____ 张牌就可成功。

分析挤奶洗牌魔术拓展中的数学原理。

（三）反思总结
1. 完成挤奶洗牌法自我发展评价表 1-25。

表 1-25　挤奶洗牌法自我发展评价表

一级指标	二级指标	二级指标概述	评价标准（高→低）对应（A→C）	发展等级
问题探究	理解对象	通过观察、交流，对问题进行表征，运用所学知识，理解探究的对象	A：数学观察、讨论，运用所学知识，对问题重新表征，从数学的角度理解问题。 B：能够分析、基本理解问题，直接解决问题。 C：被动接受问题，对问题有疑问，或者不能和已有知识建立联系	

续表

一级指标	二级指标	二级指标概述	评价标准（高→低）对应（A→C）	发展等级
问题探究	提出猜想	比较已知与未知，预估方向，提出猜想	A：在已知与未知之间建立联系，根据数学表征，比较准确地预估问题解决的方向，提出猜想。 B：了解已知与未知关系，大概预判解决问题方向，未提出猜想；或者预估错误的方向，提出错误的猜想。 C：对已知和未知关系不清晰，无问题解决方向和研究猜想	
	方案设计	将问题转化为任务，注重逻辑关系及探究形式的选择	A：选择自主探究或者小组合作的探究形式，能够按照逻辑关系设计操作的数学任务并提出具体解决方案。 B：自主探究或者小组合作，能够设计数学任务，但是对各自任务不清晰，解决方案不清晰。 C：按照教师安排进行探究，不清晰数学任务，未能提出解决方案	
	操作实施	选择数学模型实施方案，具体操作包括：运算、推理、实验、数据处理等，并得到结果	A：根据任务和探究方案，能够熟练运用运算、推理、实验等方式，选择合适的数学模型解决问题，得到探究结果。 B：能够运用运算、推理、实验等方式进行探究，建立数学模型但不一定合理，比较困难地得到结果。 C：数学运算、推理、实验等方式运用不够熟练，数学模型应用混乱，未能得到结果	
反思提升	质疑反思	回顾探究过程，表达自己的观点，反思、质疑	A：清晰回归探究洗牌过程，反思数学方法和模型的合理性，对他人的探究进行鉴赏、质疑。 B：能够简单梳理探究洗牌过程，反思较少，对他人的探究很少质疑。 C：不清晰自己是如何探究洗牌过程的，无反思、无质疑	
小组合作	分工协作	小组分工、分配任务、讨论	A：分工明确，任务分配合理，积极参与讨论。 B：分工不够明确，只有基本的任务分配，参与部分讨论。 C：分工不明确，有成员没有任务，不参与讨论	
	汇报交流	成果的展示，汇报交流	A：熟练展示汇报探究成果，赏析他人成果，与其他人分享交流。 B：能够讲清楚探究结果，与他人交流较少。 C：对探究结果讲解不清，不与他人交流	

2. 你在学习挤奶洗牌魔术中运用到哪些数学知识和能力？请详细列举。

3. 请你用文字进一步描述在挤奶洗牌魔术过程中的感受。

你的收获：

你的困惑：

你的建议：

第五节 反转洗牌

反转洗牌是因洗牌中对部分牌顺序的反转而得名，任意一叠牌通过 4 次反转洗牌恢复到原来的排序，其中，反转张数至少是总牌数的一半。学完本节你将获得反转洗牌中牌位置变化的代数模型，学会抽象、推理、模型的思维方法，能够基于反转洗牌法创编新的魔术游戏、提高数学应用能力。

一、魔术流程

（一）找到任意牌 1 的流程

1. 请学生从一副牌中随机选取一张，记住花色与点数。魔术师拿出两叠牌，将学生所选的牌夹在中间形成一叠；

2. 请他在 8~11 中任选一个数，按选定的数对这叠牌进行"反转洗牌"若干次；

3. 魔术师按左一张右一张的方式发成两叠，选取一叠而另一叠弃之。一直这样重复下去直到最后一叠只有一张。这张就是学生选的牌。

（二）找到任意牌 2 的流程

1. 请学生从一副牌中随机选取一张，记住花色与点数牌面朝下放在桌上。魔术师拿出一叠牌盖在上面形成一叠；

2. 请学生在 10~15 中任选一个数，魔术师按选定的数对这叠牌进行"反转洗牌"3 次；

3. 顶部那张就是学生选的牌。

这两个魔术都是根据反转洗牌设计的。

二、反转洗牌

反转洗牌[①]：从一副 n 张牌的顶部数出 $k\left(k \geqslant \dfrac{n}{2}\right)$ 张形成一叠，将剩余的

$(n-k)$ 张直接放在那叠上面。

8 张牌反转 5 张的洗牌原理如图 1-23 所示。

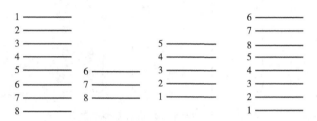

图 1-23　8 张牌反转 5 张的洗牌原理

例如，从上到下 9 张牌的排序为 A，2，3，4，5，6，7，8，9，从顶部数出 5 张的反转洗牌后排序为 6，7，8，9，5，4，3，2，A，如图 1-24 所示。

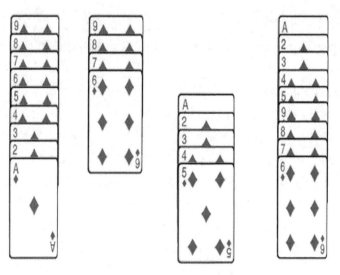

图 1-24　8 张牌反转 5 张的洗牌示例

① 马尔卡西. 扑克魔术与数学：52 种新玩法 [M]. 肖华勇，译. 北京：机械工业出版社，2020.

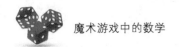

上述 9 张牌，每次反转 5 张，经过 4 次洗牌回到原排序，如图 1-25 所示。

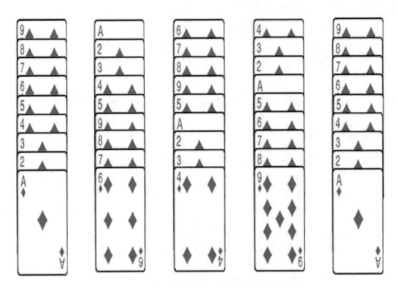

图 1-25 反转洗牌回到原排序示例

三、反转洗牌的数学原理

(一) 顶部牌、中间牌和底部牌的分解

考虑 n 张牌从上到下排序为 1，2，$\cdots$，n，每次反转 $k\left(k \geq \dfrac{n}{2}\right)$ 张。需要跟踪顶部 T、中间 M、底部 B 三部分牌，这三部分始终整体保持不变，最多次序反转。

$\because n = k + (n - k)$

$= [(n - k) + k - (n - k)] + (n - k)$

$= (n - k) + (2k - n) + (n - k)$

$\therefore T$ 是 1，2，$\cdots$，$(n - k)$ 这 $(n - k)$ 张，M 是 $(n - k + 1)$，$(n - k + 2)$，$\cdots$，k 这 $(2k - n)$ 张，B 是 $(k + 1)$，$(k + 2)$，$\cdots$，n 这 $(n - k)$ 张，T 与 M 共 k 张，B 与 M 共 k 张。这三部分牌的张数关于 M 对称。

(二) 反转洗牌的表征

例如，$n = 13$，$k = 8$，从上到下的牌为 1，2，$\cdots$，13，T 是 1，2，3，4，5，M 是 6，7，8，B 是 9，10，11，12，13。反转洗牌一次的结果是 9，10，11，12，13，8，7，6，5，4，3，2，1，T 首先被反转，然后是 M 被反转，最后 B 没有被反转。

为叙述方便，我们将反转洗牌表示为：T，M，$B \to B$，$\overline{M}$，$\overline{T}$，字母上面带横线表示该部分内部次序反转。我们可以注意到，某部分如果反转偶数次则回到原排序，相当于没有发生反转；如果反转奇数次则相当于反转一次，内部次序反转。

（三）反转洗牌的规律

1. n 张牌每次反转 k（$k \geqslant \dfrac{n}{2}$，$k \neq n-1$ 或 n）张，经 4 次洗牌回到原排序。具体如下：

$$T，M，B \to B，\overline{M}，\overline{T} \to \overline{T}，M，\overline{B} \to \overline{B}，\overline{M}，T \to T，M，B$$

当 $k = n-1$ 或 $k = n$ 时，经两次洗牌回到原排序。

2. 如果 n 是奇数，每次反转 k $\left(k \geqslant \dfrac{n}{2}\right)$ 张，则中间位置的牌位置不变（不动点）。如果 n 是偶数，则中间两张牌交换位置。

3. n 张牌每次反转 k $\left(k \geqslant \dfrac{n}{2}\right)$ 张，经三次洗牌至少使原来位于底部的一半牌转移到了顶部，并且次序反转。

4. n 张牌每次反转 k $\left(k \geqslant \dfrac{n}{2}\right)$ 张，经四次洗牌，初始位于顶部的牌，轮流经过位置 n（B 中最后一张牌的位置），$(n-k)$（T 中最后一张牌的位置），$(k+1)$（B 中第一张牌的位置），然后返回顶部（T 中第一张牌的位置）。

等价描述：顶部位置轮流被位于 $(k+1)$（B 中第一张牌的位置），$(n-k)$（T 中最后一张牌的位置），n（B 中最后一张牌的位置）位置的牌替换，然后回到顶部位置 1。

例如，$n = 13$，$k = 8$，从上到下的牌为 A，2，$\cdots$，K 如图 1-26 所示。T 是 A，2，3，4，5，M 是 6，7，8，B 是 9，10，J，Q，K。

经四次反转洗牌后如图 1-27，图 1-28，图 1-29，图 1-30 所示。

图 1-26　初始牌的排序

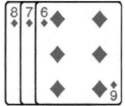

图 1-27　一次反转后的排序

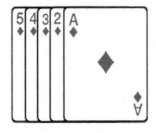

图 1-28　二次反转后的排序

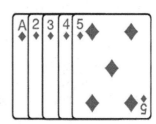

图 1-29　三次反转后的排序

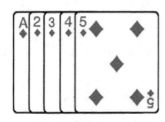

图 1-30　四次反转后的排序

　　当 $n - k = 5$，$k + 1 = 9$，初始顶部位置 1 的牌经一次洗牌到了位置 13，经过第二次洗牌到了位置 5，经过第三次洗牌到了位置 9，经第四次洗牌回到位置 1。也就是初始顶部位置 1 的牌周期性地出现在位置 1，13，5，9 位置。

四、魔术拓展

（一）找 3 张牌

1. 魔术师请 3 位学生从一副牌中每人随机选取一张，记住花色与点数，依次牌面朝下放在桌上形成一叠，魔术师拿出一叠牌盖在上面；

2. 魔术师请第 4 位学生在 8~12 中任选一个数，3 位学生按选定的数每人对这叠牌进行反转洗牌 1 次；

3. 顶部 3 张分别是 3 位学生选的牌。

（二）找 4 张 A

1. 魔术师将一叠牌（13 张）正面朝上乱序地展示给学生看，收好牌正面朝下；

2. 请学生每次反转 9 张洗若干次；

3. 魔术师按一定顺序数出 4 张牌就是 4 个 A。

五、数学素养

以反转洗牌魔术为载体，通过观赏魔术、体验魔术、感悟魔术、揭秘魔术、交流魔术和创造魔术的过程，使学生能够用数学的眼光观察魔术，培养抽象与概括能力；用数学思维思考魔术，提升推理与论证能力；用数学语言表达魔术，发展模型化与应用能力。

通过魔术培养数学能力：□归纳总结的能力；☑演绎推理的能力；□准确计算的能力；☑提出问题、分析问题、解决问题的能力；☑抽象的能力；□联想的能力；□学习新知识的能力；□口头和书面的表达能力；☑创新的能力；□灵活运用数学软件的能力。

通过魔术提升数学素养：☑主动探寻并善于抓住数学问题中的背景和本质；☑熟练地用准确、严格、简练的数学语言表达自己的数学思想；□具有良好的科学态度和创新精神，合理地提出数学猜想、数学概念；☑提出猜想并以数学的理性思维，从多角度探寻解决问题的道路；☑善于对现实世界中的现象和过程进行合理的简化和量化，建立数学模型。

六、思考

1. 分析反转洗牌魔术拓展中两个魔术的数学原理。
2. 利用反转洗牌设计一个魔术。

七、实践

(一) 体验反转洗牌

从上到下9张牌的排序为A，2，3，4，5，6，7，8，9，每次反转5张洗牌，完成后记录在表1-26。

表1-26　9张牌每次反转5张的记录表

原排序 （从上到下）	第一次反转5张 洗牌后排序	第二次反转5张 洗牌后排序	第三次反转5张 洗牌后排序	第四次反转5张 洗牌后排序
A				
2				
3				
4				
5				
6				
7				
8				
9				

请按照上述过程完成：如果每次反转6张牌呢？7张牌呢？如果每次反转2张牌呢？3张牌呢？4张牌呢？

你有何发现？

(二) 反转洗牌的本质

其一，映射。

为何9张牌每次反转5张，经4次洗牌后恢复原排序呢？我们利用映射与牌位置变化的周期给出说明。

假设初始排序为A，2，3，…，7，8，9的牌分别对应第1~9号位置，洗牌改变牌所处的位置，观察记录表发现洗牌前、后牌的位置变化构成一一映射。

经一次洗牌，原1号位→9号位，原2号位→8号位，原3号位→7号位，原4号位→6号位，原5号位→5号位，原6号位→1号位，原7号位→2号位，原8号位→3号位，原9号位→4号位，具体如图1-31所示。

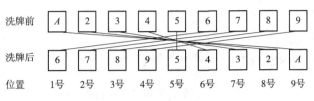

图1-31 位置映射

之后的洗牌，牌的位置就按上述对应改变位置。

洗牌前后牌的位置变化可用函数 $f(n)$ 表示：

$$f(n) = \begin{cases} 2 \times 5 - n, & n \leq 5 \\ n - 5, & n > 6 \end{cases}$$

n 是洗牌前的位置，$f(n)$ 是洗牌后的位置。

请依次写出经 4 次洗牌，1 号位置牌的变化情况。你发现了什么？2 号位置呢？……

其二，代数。

9 张牌每次反转 5 张，需要跟踪顶部 T、中间 M、底部 B 三部分牌，这三部分始终整体保持不变，最多次序反转。

$\because 9 = 5 + (9 - 5)$

$\qquad = [(9 - 5) + 5 - (9 - 5)] + (9 - 5)$

$\qquad = (9 - 5) + (2 \times 5 - 9) + (9 - 5)$

$\therefore T$ 是 1，2，…，$(9 - 5)$ 这 $(9 - 5)$ 张，M 是 $(9 - 5 + 1)$，$(9 - 5 + 2)$，…，5 这 $(2 \times 5 - 9)$ 张，B 是 $(5 + 1)$，$(5 + 2)$，…，9 这 $(9 - 5)$ 张，T 与 M 共 5 张，B 与 M 共 5 张。这三部分牌的张数关于 M 对称。洗牌时，T 首先被反转，然后是 M 被反转，最后 B 没有被反转。

为叙述方便，我们将反转洗牌表示为 T，M，$B \rightarrow B$，$\overline{M}$，$\overline{T}$，上面带横线表示该部分内部次序反转。注意到某部分如果反转偶数次则回到原排序，相当于没有发生反转。如果反转奇数次则相当于反转一次，内部次序反转。

4 次洗牌可以表示为 T，M，$B \rightarrow B$，$\overline{M}$，$\overline{T} \rightarrow \overline{T}$，$M$，$\overline{B} \rightarrow \overline{B}$，$\overline{M}$，$T \rightarrow$ T，M，B 如果每次反转 8 张或 9 张牌时，经二次洗牌回到原排序。

（三）解决问题

1. 用代数方法说明 n 张牌每次反转 k 张（$k \geq \dfrac{n}{2}$，$k \neq n - 1$ 或 n），经四次洗牌回到原排序。

2. 请分析本节魔术游戏的数学原理。

（四）反思总结

1. 完成反转洗牌法自我发展评价表1-27。

表1-27 反转洗牌法自我发展评价表

一级指标	二级指标	二级指标概述	评价标准（高→低）对应（A→C）	发展等级
问题探究	理解对象	通过观察、交流，对问题进行表征，运用所学知识，理解探究的对象	A：数学观察、讨论，运用所学知识，对问题重新表征，从数学的角度理解问题。 B：能够分析、基本理解问题，直接解决问题。 C：被动接受问题，对问题有疑问，或者不能和已有知识建立联系	
	提出猜想	比较已知与未知，预估方向，提出猜想	A：在已知与未知之间建立联系，根据数学表征，比较准确地预估问题解决的方向，提出猜想。 B：了解已知与未知关系，大概预判解决问题方向，未提出猜想；或者预估错误的方向，提出错误的猜想。 C：对已知和未知关系不清晰，无问题解决方向和研究猜想	
	方案设计	将问题转化为任务，注重逻辑关系及探究形式的选择	A：选择自主探究或者小组合作的探究形式，能够按照逻辑关系设计操作的数学任务并提出具体解决方案。 B：自主探究或者小组合作，能够设计数学任务，但是对各自任务不清晰，解决方案不清晰。 C：按照教师安排进行探究，不清晰数学任务，未能提出解决方案	
	操作实施	选择数学模型实施方案，具体操作包括：运算、推理、实验、数据处理等，并得到结果	A：根据任务和探究方案，能够熟练运用运算、推理、实验等方式，选择合适的数学模型解决问题，得到探究结果。 B：能够运用运算、推理、实验等方式进行探究，建立数学模型但不一定合理，比较困难地得到结果。 C：数学运算、推理、实验等方式运用不够熟练，数学模型应用混乱，未能得到结果	

续表

一级指标	二级指标	二级指标概述	评价标准（高→低）对应（A→C）	发展等级
反思提升	质疑反思	回顾探究过程，表达自己的观点，反思、质疑	A：清晰回归探究洗牌过程，反思数学方法和模型的合理性，对他人的探究进行鉴赏、质疑。 B：能够简单梳理探究洗牌过程，反思较少，对他人的探究很少质疑。 C：不清晰自己是如何探究洗牌过程的，无反思、无质疑	
小组合作	分工协作	小组分工、分配任务、讨论	A：分工明确，任务分配合理，积极参与讨论。 B：分工不够明确，只有基本的任务分配，参与部分讨论。 C：分工不明确，有成员没有任务，不参与讨论	
	汇报交流	成果的展示，汇报交流	A：熟练展示汇报探究成果，赏析他人成果，与其他人分享交流。 B：能够讲清楚探究结果，与他人交流较少。 C：对探究结果讲解不清，不与他人交流	

2. 你在学习反转洗牌魔术中运用到哪些数学知识和能力？请详细列举。

3. 请你用文字进一步描述在反转洗牌过程中的感受。

你的收获：

你的困惑：

你的建议：

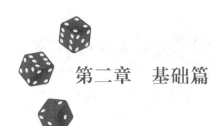

第二章 基础篇

人人都爱看魔术，如果自己能表演几个小魔术，那就太酷了！本篇就带大家盘点一下，那些道具简单、易懂易上手的数学小魔术。

扑克牌魔术在数学魔术中最为常见。小小的扑克牌，藏着许多数学秘密：一副扑克牌54张，除去代表太阳和月亮的大王和小王，剩下52张与一年52个星期契合；桃心方梅四种花色表示春夏秋冬四季，每一花色的牌数13张与每一季13个星期吻合；13张牌的点数之和是364，加上小王的一点是365，与一般年份天数相同，再加大王的一点正好是闰年的天数……扑克牌与数学相遇，会有怎样神奇的魔术效果呢？本篇包括"9的秘密、心灵之约、定位追踪、感应之手、十全十美"五个魔术游戏，将带你探寻扑克牌魔术表演背后的数学原理。

骰子也是数学魔术中常用的道具，因为骰子有个特征，即相对面之和是7。掌握这一特征，让你拥有一双"透视眼"，用自己的"透视"能力见证骰子魔术的神奇时刻！另外，有规律的数表、多元的图形也能成为魔术师的"法宝"，助你成为"预言家"，获得"读心术"！

当然，本篇之所以谓之基础篇，意指每个魔术游戏背后的数学原理简单，只要具备初等程度的数学水平即可。读者可以通过魔术操作体验数学神奇之美。

阅读建议：

1. 先按魔术流程实践几遍，做好记录，观察、归纳、猜想魔术中蕴含的数学，试着用数学的方式表达。

2. 有困难的可用实践辅助探究或请教他人。

3. 知道魔术的数学原理后，再试着操作几次，反思魔术表演的关键，对话语的设计，增强趣味性。

4. 思考数学魔术探究的基本方法，培养触类旁通、举一反三的能力，提高魔术的再开发、设计能力。

第一节 9 的秘密

9 是个神奇的数字！在时间上，一天有 1 440 分钟（1+4+4+0＝9），有 86 400 秒（8+6+4+0+0＝18，1+8＝9），一周有 100 080 分钟（1+0+0+0+8+0＝9）；在几何上，周角为 360 度（3+6+0＝9），等分后平角为 180 度（1+8+0＝9），再等分后直角为 90 度（9+0＝9），再等分后为 45 度（4+5＝9），再分下去得到 22.5 度（2+2+5＝9）；在 9 的乘法中，2×9＝18、1+8＝9，3×9＝27、2+7＝9，…，10×9＝90、9+0＝9，11×9＝99、9+9＝18、1+8＝9，…最终都得 9。

众数和为 9 的数，乘以正整数，积的众数和还是 9。

例如：18 的众数和是 1+8＝9，那么 18×987654321 积的众数和是 9，计算如下：18×987654321＝17777777778，1+7+7+7+7+7+7+7+7+7+8＝72，7+2＝9。

本节魔术游戏是利用 9 的倍数性质设计的，让我们一起探寻其中的奥秘吧！

一、魔术流程

学生：操作扑克牌。

魔术师：全程背对学生，根据学生的报数，猜出背面朝上的牌的点数。

魔术流程：

1. 将 A 至 9 的九张扑克牌牌面朝上任意排成 3 行 3 列，组成三个多位数；

2. 任意选择一张牌翻转为背面朝上，该牌标记为 0；

3. 计算每行数字组成的三个多位数的和（如图 2−1 所示 235、407、689 这三个多位数的和为 1331），并报数 1331；

4. 魔术师根据报数 1331 可猜出背面朝上这张牌的点数是 A。

二、魔术揭秘

（一）找寻规律

先考虑牌的特殊排列如图 2−2 所示，依次翻牌，计算九张牌组成的三个多位数的和，再算和的各位数字之和，直至结果是一位数。

如果 A 被翻了，计算三个多位数的和：23+456+789＝1268，再计算和的各位数字和：1+2+6+8＝17，1+7＝8。

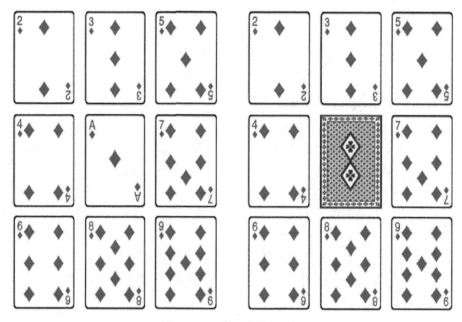

图 2-1   9 的秘密操作示例

如果 2 被翻了，计算三位多位数的和：103+456+789 = 1348，再计算和的各位数字和：1+3+4+8 = 16，1+6 = 7。

如果 3 被翻了，计算三位多位数的和：120+456+789 = 1365，再计算和的各位数字和：1+3+6+5 = 15，1+5 = 6。

如果 4 被翻了，计算三位多位数的和：123+56+789 = 968，再计算和的各位数字和：9+6+8 = 23，2+3 = 5。

如果 5 被翻了，计算三位多位数的和：123+406+789 = 1318，再计算和的各位数字和：1+3+1+8 = 13，1+3 = 4。

如果 6 被翻了，计算三位多位数的和：123+450+789 = 1362，再计算和的各位数字和：1+3+6+2 = 12，1+2 = 3。

如果 7 被翻了，计算三位多位数的和：123+456+89 = 668，再计算和的各位数字和：6+6+8 = 20，2+0 = 2。

如果 8 被翻了，计算三位多位数的和：123+456+709 = 1288，再计算和的各位数字和：1+2+8+8 = 19，1+9 = 10，1+0 = 1。

如果 9 被翻了，计算三位多位数的和：123+456+780 = 1359，再计算和的各位数字和：1+3+5+9 = 18，1+8 = 9。

规律：观察被翻牌的点数与最终结果一位数的和是 9 的倍数。

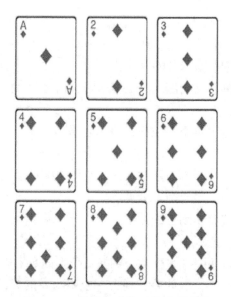

图 2-2　9 张牌组成的一种特殊排列

（二）数学推理

设 $a_{ij}(i,\ j=1,\ \cdots,\ 3)$ 为 A 至 9 九张牌的点数，排成如下的 3 行 3 列：

$$a_{11} \quad a_{12} \quad a_{13}$$
$$a_{21} \quad a_{22} \quad a_{23}$$
$$a_{31} \quad a_{32} \quad a_{33}$$

三个多位数的百、十、个位数字和分别是 x，y，z，

$\because a_{11}+a_{12}+a_{13}+a_{21}+a_{22}+a_{23}+a_{31}+a_{32}+a_{33}=45$，即 $x+y+z=45$

$100(a_{11}+a_{21}+a_{31})+10(a_{12}+a_{22}+a_{32})+a_{13}+a_{23}+a_{33}=100x+10y+z$

$\therefore 100(a_{11}+a_{21}+a_{31})+10(a_{12}+a_{22}+a_{32})+a_{13}+a_{23}+a_{33}=99x+9y+45$

由上式的推导可知：没有翻牌前三个多位数的和都是 9 的倍数。而翻牌后三个多位数的和加一个个位数是 9 的倍数，这个加数就是被翻的牌的点数。所以计算翻牌的点数比较快的方法是，学生报的和的各位数字和加多少是 9 的倍数，这个加数就是被翻牌的点数。

三、魔术拓展

（一）手称扑克牌

1. 请学生任意抽出一叠扑克牌（至少 10 张），并确认扑克牌张数（比如 15 张）；

2. 学生把这叠扑克牌张数的十位数字与个位数字相加（比如 1+5＝6），再从这叠扑克牌中取出得数的张数（比如 6 张）。

3. 上述操作过程，魔术师不可见；

4. 学生将剩余的牌交给魔术师，魔术师轻掂之后，能猜出手中牌的张数。

（二）一猜就中其一

1. 请学生任意写下一个多位数，算出各数位的数字和，再算出多位数与和的差；

2. 学生划去差中一个不为零的数字，其他数字打乱顺序报给魔术师；

3. 上述操作过程，魔术师不可见；

4. 魔术师能准确猜出划去的数字。

（三）一猜就中其二

1. 请学生任意写下一个多位数，调换数位上的数组成一个新数；

2. 学生算出两个多位数的差，划去一个不为零的数，其他数字打乱顺序报给魔术师；

3. 上述操作过程，魔术师不可见；

4. 魔术师能准确猜出划去的数字。

（四）9 的神算其一

1. 请学生在计算器中输入 123456789；

2. 请学生在 1 到 9 之间任意选择一个最喜欢的数，并在计算器上按×号，再按选择的数，并得出结果，将计算器递给魔术师；

3. 上述操作过程，魔术师不可见；

4. 魔术师根据计算器上的结果，轻按×9，便能准确猜出学生选择的数。

（五）9 的神算其二

1. 请学生从 3141，2718，2358，9999 中任选一个数，再另选一个三位数，在计算器中算出这两个数的积；

2. 请学生默想这个积中一个不为零的数字，其他数字打乱顺序报给魔术师；

3. 上述操作过程，魔术师不可见；

4. 魔术师能准确猜出学生默想的数。

四、数学素养

以 9 的秘密魔术为载体，通过观赏魔术、体验魔术、感悟魔术、揭秘魔术、交流魔术和创造魔术的过程，使学生能够用数学的眼光观察魔术，培养抽象与概括能力；用数学的思维思考魔术，提升推理与论证能力；用数学的语言表达魔术，发展模型化与应用能力。

通过魔术培养数学能力：☑归纳总结的能力；☑演绎推理的能力；□准确计算的能力；☑提出问题、分析问题、解决问题的能力；□抽象的能力；☑联想的能力；□学习新知识的能力；□口头和书面的表达能力；□创新的能力；□灵活运用数学软件的能力。

通过魔术提升数学素养：☑主动探寻并善于抓住数学问题中的背景和本质；☑熟练地用准确、严格、简练的数学语言表达自己的数学思想；□具有良好的科学态度和创新精神，合理地提出数学猜想、数学概念；☑提出猜想并以数学的理性思维，从多角度探寻解决问题的道路；☑善于对现实世界中的现象和过程进行合理的简化和量化，建立数学模型。

五、思考

1. 设计一份 9 的秘密学习单。

2. 将 1~9 这 9 个数字排成 1 个 2 位数、1 个 3 位数与 1 个 4 位数，将其中的一个数字换成 0；算出三个多位数的和并告诉魔术师，魔术师能猜出哪个数字换成 0 吗？

六、实践

（一）操作找规律

如果 9 张牌的排列如图 2-2 所示，依次翻一张有 9 种情况，请完成表 2-1。

表 2-1　9 的秘密操作统计表

被翻的牌	第一个多位数	第二个多位数	第三个多位数	三个多位数的和	求和的各位数字和，直到一位数
A	23	456	789	1268	1+2+6+8＝17　1+7＝8
2					
3					
4					
5					
6					
7					
8					
9					

你的发现：

你有何猜想？

9 张牌的任一种排法都符合你的猜想吗？怎么说明？

（二）代数推理

设 $a_{ij}(i, j = 1, \cdots, 3)$ 为 A 至 9 九张牌的点数，排成如下的 3 行 3 列：

$$a_{11} \quad a_{12} \quad a_{13}$$
$$a_{21} \quad a_{22} \quad a_{23}$$
$$a_{31} \quad a_{32} \quad a_{33}$$

三个多位数的百、十、个位上的数字和分别是 x，y，z，则

$a_{11} + a_{12} + a_{13} + a_{21} + a_{22} + a_{23} + a_{31} + a_{32} + a_{33} = \underline{\hspace{3cm}}$

$x + y + z = \underline{\hspace{3cm}}$

三个多位数的和为 a，则 $a = \underline{\hspace{3cm}}$ （用 x，y，z 的代数式表示）

这个和是 9 的倍数吗？为什么？

如果某个 a_{ij} 被翻后形成的三个多位数的和为 b，那么 a、b 满足的数量关系是什么？

根据你发现的这个数量关系，如何快速猜出被翻牌的点数？

（三）解决问题

利用你的发现分析 9 的秘密魔术拓展中的数学原理。

（四）反思总结

1. 完成 9 的秘密自我发展评价表 2-2。

表 2-2 9 的秘密自我发展评价表

一级指标	二级指标	二级指标概述	评价标准（高→低）对应（A→C）	发展等级
问题探究	理解对象	通过观察、交流，对问题进行表征，运用所学知识，理解探究的对象	A：数学观察、讨论，运用所学知识，对问题重新表征，从数学的角度理解问题。 B：能够分析、基本理解问题，直接解决问题。 C：被动接受问题，对问题有疑问，或者不能和已有知识建立联系	
	提出猜想	比较已知与未知，预估方向，提出猜想	A：在已知与未知之间建立联系，根据数学表征，比较准确地预估问题解决的方向，提出猜想。 B：了解已知与未知关系，大概预判解决问题方向，未提出猜想；或者预估错误的方向，提出错误的猜想。 C：对已知和未知关系不清晰，无问题解决方向和研究猜想	
	方案设计	将问题转化为任务，注重逻辑关系及探究形式的选择	A：选择自主探究或者小组合作的探究形式，能够按照逻辑关系设计操作的数学任务并提出具体解决方案。 B：自主探究或者小组合作，能够设计数学任务，但是对各自任务不清晰，解决方案不清晰。 C：按照教师安排进行探究，不清晰数学任务，未能提出解决方案	
	操作实施	选择数学模型实施方案，具体操作包括：运算、推理、实验、数据处理等，并得到结果	A：根据任务和探究方案，能够熟练运用运算、推理、实验等方式，选择合适的数学模型解决问题，得到探究结果。 B：能够运用运算、推理、实验等方式进行探究，建立数学模型但不一定合理，比较困难地得到结果。 C：数学运算、推理、实验等方式运用不够熟练，数学模型应用混乱，未能得到结果	
反思提升	质疑反思	回顾探究过程，表达自己的观点，反思、质疑	A：清晰回归探究过程，反思数学方法和模型的合理性，对他人的探究进行鉴赏、质疑。 B：能够简单梳理探究过程，反思较少，对他人的探究很少质疑。 C：不清晰自己是如何探究的，无反思、无质疑	

一级指标	二级指标	二级指标概述	评价标准（高→低）对应（A→C）	发展等级
小组合作	分工协作	小组分工、分配任务、讨论	A：分工明确，任务分配合理，积极参与讨论。 B：分工不够明确，只有基本的任务分配，参与部分讨论。 C：分工不明确，有成员没有任务，不参与讨论	
	汇报交流	成果的展示，汇报交流	A：熟练展示汇报探究成果，赏析他人成果，与其他人分享交流。 B：能够讲清楚探究结果，与他人交流较少。 C：对探究结果讲解不清，不与他人交流	

2. 你在学习 9 的秘密魔术中运用到哪些数学知识和能力？请详细列举。

3. 请你用文字进一步描述在 9 的秘密数学魔术过程中的感受。

你的收获：

你的困惑：

你的建议：

第二节　透视骰子

很多人不知道，骰子上的点数是有规律的，通过引导学生观察骰子，寻找骰子点数的规律，即七点规律：骰子的对立面的点数相加等于7。利用七点规律，结合加法与乘法运算，设计简单、有趣的骰子魔术，锻炼学生的计算能力、空间思维能力。

一、魔术流程

学生：操作骰子。

魔术师：背对学生，等学生摆好骰子，回身看一眼，便能猜出所有骰子竖向被盖住面的点数之和。

魔术流程：

1. 请学生从一堆骰子中任意抓几颗，将它们竖直叠立在桌面上，如图 2-3 所示。

2. 魔术师回身看一眼，就能说出竖向骰子被盖住面的点数和。

3. 请学生验证。

二、魔术揭秘

该魔术是利用骰子固有的特点设计的。观察骰子发现相对两个面的点数是 1 和 6、2 和 5、3 和 4，所以相对两个面的点数和是 7。

假设学生抓了 n 颗骰子叠成一列，则竖直方向 n 颗骰子的点数和为 $7n$，魔术师看到顶上面的点数为 m，那么竖向骰子被盖住面的点数和是 $(7n - m)$。

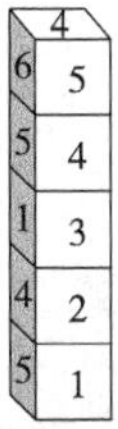

图 2-3 竖立的骰子

三、魔术拓展

（一）不变的 49

掷两个骰子，第一个骰子上面点数为 a，相对面点数为 b，第二个骰子上面点数为 c，相对面点数为 d；计算 $a×c+b×d+a×d+b×c$；结果都是 49。

（二）猜底面点数和

学生将 6 个骰子排成 2 行 3 列，魔术师看了一眼就能说出底面点数和。

（三）创意骰子

分数骰子：骰子相对两个面的分数和为 1。

倒数骰子：相对面点数之积为 1。

四、数学素养

以透视骰子魔术为载体，通过观赏魔术、体验魔术、感悟魔术、揭秘魔术、交流魔术和创造魔术的过程，使学生能够用数学的眼光观察魔术，培养抽象与概括能力；用数学的思维思考魔术，提升推理与论证能力；用数学的语言表达魔术，发展模型化与应用能力。

通过魔术培养数学能力：☑归纳总结的能力；□演绎推理的能力；□准确计算的能力；☑提出问题、分析问题、解决问题的能力；□抽象的能力；☑联想的能力；□学习新知识的能力；□口头和书面的表达能力；□创新的

能力；□灵活运用数学软件的能力。

通过魔术提升数学素养：☑主动探寻并善于抓住数学问题中的背景和本质；☑熟练地用准确、严格、简练的数学语言表达自己的数学思想；□具有良好的科学态度和创新精神，合理地提出数学猜想、数学概念；☑提出猜想并以数学的理性思维，从多角度探寻解决问题的道路；☑善于对现实世界中的现象和过程进行合理的简化和量化，建立数学模型。

五、思考

1. 设计一段透视骰子魔术的对话，并表演一次。
2. 设计一个创意骰子的魔术。

六、实践

（一）观察骰子
从准备的骰子中选一颗，观察相对两个面的点数有什么规律？

（二）体验记录
拿 5 颗骰子，竖直叠立在桌面上成一列。竖直方向有几个面是看不到的？看不到的这几个面上的点数和可能是？最小是多少？最大呢？为什么？
你的发现：

魔术师是怎么猜出所有竖向骰子被盖住面的点数和？

（三）推理
如果学生抓了 n 颗骰子叠成一列，则竖直方向 n 颗骰子的点数和为_____，魔术师看到顶上面的点数为_____，那么竖向所有骰子被盖住面的点数和是_____。

（四）解决问题
利用你的发现分析魔术拓展中的数学原理。

（五）反思总结
1. 完成透视骰子自我发展评价表 2-3。

表2-3 透视骰子自我发展评价表

一级指标	二级指标	二级指标概述	评价标准（高→低）对应（A→C）	发展等级
问题探究	理解对象	通过观察、交流，对问题进行表征，运用所学知识，理解探究的对象	A：数学观察、讨论，运用所学知识，对问题重新表征，从数学的角度理解问题。 B：能够分析、基本理解问题，直接解决问题。 C：被动接受问题，对问题有疑问，或者不能和已有知识建立联系	
	提出猜想	比较已知与未知，预估方向，提出猜想	A：在已知与未知之间建立联系，根据数学表征，比较准确地预估问题解决的方向，提出猜想。 B：了解已知与未知关系，大概预判解决问题方向，未提出猜想；或者预估错误的方向，提出错误的猜想。 C：对已知和未知关系不清晰，无问题解决方向和研究猜想	
	方案设计	将问题转化为任务，注重逻辑关系及探究形式的选择	A：选择自主探究或者小组合作的探究形式，能够按照逻辑关系设计操作的数学任务并提出具体解决方案。 B：自主探究或者小组合作，能够设计数学任务，但是对各自任务不清晰，解决方案不清晰。 C：按照教师安排进行探究，不清晰数学任务，未能提出解决方案	
	操作实施	选择数学模型实施方案，具体操作包括：运算、推理、实验、数据处理等，并得到结果	A：根据任务和探究方案，能够熟练运用运算、推理、实验等方式，选择合适的数学模型解决问题，得到探究结果。 B：能够运用运算、推理、实验等方式进行探究，建立数学模型但不一定合理，比较困难地得到结果。 C：数学运算、推理、实验等方式运用不够熟练，数学模型应用混乱，未能得到结果	
反思提升	质疑反思	回顾探究过程，表达自己的观点，反思、质疑	A：清晰回归探究过程，反思数学方法和模型的合理性，对他人的探究进行鉴赏、质疑。 B：能够简单梳理探究过程，反思较少，对他人的探究很少质疑。 C：不清晰自己是如何探究的，无反思、无质疑	

续表

一级 指标	二级 指标	二级指标概述	评价标准（高→低）对应（A→C）	发展 等级
小组合作	分工协作	小组分工、分配任务、讨论	A：分工明确，任务分配合理，积极参与讨论。 B：分工不够明确，只有基本的任务分配，参与部分讨论。 C：分工不明确，有成员没有任务，不参与讨论	
	汇报交流	成果的展示、汇报交流	A：熟练展示汇报探究成果，赏析他人成果，与其他人分享交流。 B：能够讲清楚探究结果，与他人交流较少。 C：对探究结果讲解不清，不与他人交流	

2. 你在学习透视骰子魔术中运用了哪些数学知识和能力？请详细列举。

3. 请你用文字进一步描述在透视骰子数学魔术过程中的感受。

你的收获：

你的困惑：

你的建议：

第三节　读出你心

数学世界有"读心术"吗？当然啦！你现在心里随意想一个数字、生日或者生肖，不要告诉魔术师，魔术师可以通过几张卡片就能准确猜出你想的数字、生日、生肖。读出你心魔术游戏是一种容易操作、又非常有趣的游戏。游戏卡片中的数字安排是有规律的，这一规律可以通过数学中的分类、观察、加法运算发现，也可以用二进制表示。通过游戏可以培养学生的数感，数据整理、分析观念，及利用数学解决问题的意识与能力。

一、魔术流程

1. 请学生想好一个 1～12 的整数，写在纸上交给其他同学保管，不告诉魔术师；

2. 请学生查看所想的数是否出现在①②③④卡片中，并请回答有或没有；

3. 根据学生的回答，魔术师就能说出学生想的数（上述过程，魔术师都没看卡片）；

4. 请打开纸验证。

卡片中的数如表2-4所示。

表 2-4　读出你心的卡片

卡片序号	卡片中的数					
①	1	3	5	7	9	11
②	2	3	6	7	10	11
③	4	5	6	7	12	
④	8	9	10	11	12	

二、魔术揭秘

（一）数据整理

按照数字出现在卡片中的情况分成三类（如图2-4所示）。

第一类：只出现在一张卡片中的数，1 在①中，2 在②中，4 在③中，8 在④中。

第二类：出现在两张卡片中的数，3 在①②中，5 在①③中，9 在①④中，6 在②③中，10 在②④中，12 在③④中。

第三类：出现在三张卡片中的数，7 在①②③中，11 在①②④中。

```
┌─────────────────────────────────────────────────┐
│   第一类          第二类          第三类            │
│                                                   │
│ 卡片①←1        卡片①②←3       卡片①②③←7         │
│ 卡片②←2        卡片①③←5       卡片①②④←11        │
│ 卡片③←3        卡片①④←9                          │
│ 卡片④←4        卡片②③←6                          │
│                 卡片②④←10                        │
│                 卡片③④←12                        │
└─────────────────────────────────────────────────┘
```

图 2-4　卡片中数的分类

（二）发现规律

只出现在①，②，③，④卡片的数分别与 1，2，4，8 对应；出现在①②，①③，①④，②③，②④，③④两张卡片中的数分别与 3，5，9，6，10，12 对应，出现在两张卡片中的数就是这两张卡片对应两数的和；出现在①②

③，①②④三张卡片中的数分别与 7，11 对应，出现在三张卡片中的数就是这三张卡片所各自对应三数的和。

例如，3 出现在①②卡片中，那么 3 = 1+2，7 出现在①②③卡片中，那么 7 = 1+2+4。

（三）二进制揭秘

第一步：将 1~12 以二进制表示如表 2-5 所示。

表 2-5　1~12 二进制表示

十进制数	换算成二进制	二进制表示				用有无表示是否出现在卡片 ④ ③ ② ①			
		2^3	2^2	2^1	2^0	2^3	2^2	2^1	2^0
1	2^0				1	无	无	无	有
2	2^1			1	0	无	无	有	无
3	2^1+2^0		0	1	1	无	无	有	有
4	2^2		1	0	0	无	有	无	无
5	2^2+2^0		1	0	1	无	有	无	有
6	2^2+2^1		1	1	0	无	有	有	无
7	$2^2+2^1+2^0$		1	1	1	无	有	有	有
8	2^3	1	0	0	0	有	无	无	无
9	2^3+2^0	1	0	0	1	有	无	无	有
10	2^3+2^1	1	0	1	0	有	无	有	无
11	$2^3+2^1+2^0$	1	0	1	1	有	无	有	有
12	2^3+2^2	1	1	0	0	有	有	无	无

第二步：有出现在卡片①的就加上 $2^0 = 1$；有出现在卡片②的就加上 $2^1 = 2$；有出现在卡片③的就加上 $2^2 = 4$；有出现在卡片④的就加上 $2^3 = 8$。例如，6 有出现在②③中，所以 $2^1+2^2 = 6$。

想好的数要么出现在卡片中要么不出现，只有两种情况，用 1 表示有，0 表示没有，将学生的回答：①没有、②有、③有、④没有，得到按④③②①的回答的二进制数就是 $(0110)_2 = 2^1+2^2 = 6$。

三、魔术拓展

（一）猜生肖

1. 请学生想好一个人的生肖，告诉其他同学，不告诉魔术师；

2. 请学生查看所想的生肖是否出现在①②③④卡片中，并回答有或没有；

3. 根据学生的回答，魔术师就能说出学生想的生肖。（上述过程，魔术师都没看卡片）

猜生肖卡片中的生肖如表 2-6 所示。

表 2-6　猜生肖卡片中的生肖

卡片序号	卡片中的生肖					
①	鼠	虎	龙	马	猴	狗
②	牛	虎	蛇	马	鸡	狗
③	兔	龙	蛇	马	猪	
④	羊	猴	鸡	狗	猪	

（二）猜生日

1. 请学生想好一个人的生日，写在纸上交给其他同学保管，不告诉魔术师；

2. 请学生查看所想的出生月份是否出现在①②③④⑤卡片中，并回答有或没有；

3. 请学生查看所想的出生日期是否出现在①②③④⑤卡片中，并回答有或没有；

4. 根据学生的回答，魔术师就能猜出学生想的生日。（上述过程魔术师都不看卡片）

猜生日卡片中的数如表 2-7 所示。

表 2-7　猜生日卡片中的数

卡片序号	卡片中的数															
①	1	3	5	7	9	11	13	15	17	19	21	23	25	27	29	31
②	2	3	6	7	10	11	14	15	18	19	22	23	26	27	30	31
③	4	5	6	7	12	13	14	15	20	21	22	23	28	29	30	31
④	8	9	10	11	12	13	14	15	24	25	26	27	28	29	30	31
⑤	16	17	18	19	20	21	22	23	24	25	26	27	28	29	30	31

（三）旋转卡片

把 12 种生肖名字写在一张纸上，如图 2-5 所示。取一张同样大小的卡片，在上面挖 6 个洞，如图 2-6 所示。请一学生参与魔术，只要回答四次，

便能准确说出他的生肖。

1. 请学生把卡片图 2-6 盖在图 2-5 上，提问："现在能看见你的生肖吗？"学生回答"能"，记个"0"在一张纸上；若回答"不能"，便记个"×"。

2. 魔术师把卡片沿顺时针方向转 90°，问第 2 次，根据学生回答做好记录；再沿顺时针方向转 90°，问第 3 次，将学生回答做好记录；再沿顺时针方向转 90°，问第 4 次，将学生回答做好记录；

3. 根据学生的四次回答，魔术师就能说出他的生肖。

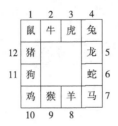

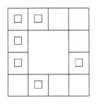

图 2-5　12 种生肖卡　　　图 2-6　挖了 6 个洞的卡片

（四）27 张牌

1. 魔术师将 27 张牌面向下的扑克牌，按从左到右、从上到下的顺序排成三行九列；

2. 请学生选好一张牌记住花色点数，告诉这张牌在哪一列（这个过程不让魔术师看到）；

3. 魔术师按列自上而下收牌形成三叠，将第二叠放在第一叠下面，第三叠放在第二叠下面，重复步骤 1 的操作。

4. 让学生再次说出记住的那张牌在哪一列；

5. 魔术师重复步骤 3 的操作后就找到学生记住的那张牌。

四、数学素养

以读出你心魔术为载体，通过观赏魔术、体验魔术、感悟魔术、揭秘魔术、交流魔术和创造魔术的过程，使学生能够用数学的眼光观察魔术，培养抽象与概括能力；用数学的思维思考魔术，提升推理与论证能力；用数学的语言表达魔术，发展模型化与应用能力。

通过魔术培养数学能力：□归纳总结的能力；□演绎推理的能力；□准确计算的能力；☑提出问题、分析问题、解决问题的能力；□抽象的能力；☑联想的能力；□学习新知识的能力；□口头和书面的表达能力；□创新的能力；□灵活运用数学软件的能力。

通过魔术提升数学素养：☑主动探寻并善于抓住数学问题中的背景和本质；☑熟练地用准确、严格、简练的数学语言表达自己的数学思想；□具有良好的科学态度和创新精神，合理地提出数学猜想、数学概念；☑提出猜想并以方式的理性思维，从多角度探寻解决问题的道路；☑善于对现实世界中的现象和过程进行合理的简化和量化，建立数学模型。

五、思考

1. 设计一份适合小学生探究的读出你心魔术学习单。
2. 创编一个猜星座的魔术。
3. 猜生日五张卡片中的数是怎么确定的？
4. 用其他方法揭秘 27 张牌。

六、实践

（一）数据整理

根据表 2-4 的回答记录，整理数据填入表 2-8。

表 2-8　数据整理记录表

数	①卡片有吗？	②卡片有吗？	③卡片有吗？	④卡片有吗？
1				
2				
3				
4				
…				
11				
12				

1. 从表中找出只出现在一张卡片中的数。

2. 从表中找出出现在两张卡片中的数。

3. 从表中找出出现在三张卡片中的数。

(二) 找规律

1. 出现在①③中的数是几？这个数与只出现在①③卡片中的数有什么关系？其他情况呢？出现在①②③中的数是几？这个数与只出现在①②③卡片中的数有什么关系？其他情况呢？

2. 写出你的发现，用找到的规律设计四张卡片。

(三) 二进制

1. 根据表 2-4 的回答记录，整理数据请完成表 2-9。

表 2-9　1~12 的二进制表示

十进制数	换算成二进制	二进制表示				用有无表示是否出现在卡片			
						④	③	②	①
		2^3	2^2	2^1	2^0	2^3	2^2	2^1	2^0
1	2^0				1	无	无	无	有
2	2^1			1	0	无	无	有	无
3	2^1+2^0		0	1	1	无	无	有	有
4									
5									
6									
7									
8									
9									
10									
11									
12									

2. 你的发现：

3. 如果学生想的数①有、②有、③有、④没有，写出这个数的二进制表示。

4. 利用二进制原理，怎么设计卡片中的数？

（四）解决问题

请分析旋转卡片魔术的数学原理。

（五）反思总结

1. 完成读出你心自我发展评价表 2-10。

表 2-10 读出你心自我发展评价表

一级指标	二级指标	二级指标概述	评价标准（高→低）对应（A→C）	发展等级
问题探究	理解对象	通过观察、交流，对问题进行表征，运用所学知识，理解探究的对象	A：数学观察、讨论，运用所学知识，对问题重新表征，从数学的角度理解问题。 B：能够分析、基本理解问题，直接解决问题。 C：被动接受问题，对问题有疑问，或者不能和已有知识建立联系	
	提出猜想	比较已知与未知，预估方向，提出猜想	A：在已知与未知之间建立联系，根据数学表征，比较准确地预估问题解决的方向，提出猜想。 B：了解已知与未知关系，大概预判解决问题方向，未提出猜想；或者预估错误的方向，提出错误的猜想。 C：对已知和未知关系不清晰，无问题解决方向和研究猜想	
	方案设计	将问题转化为任务，注重逻辑关系及探究形式的选择	A：选择自主探究或者小组合作的探究形式，能够按照逻辑关系设计操作的数学任务并提出具体解决方案。 B：自主探究或者小组合作，能够设计数学任务，但是对各自任务不清晰，解决方案不清晰。 C：按照教师安排进行探究，不清晰数学任务，未能提出解决方案	

续表

一级指标	二级指标	二级指标概述	评价标准（高→低）对应（A→C）	发展等级
问题探究	操作实施	选择数学模型实施方案，具体操作包括：运算、推理、实验、数据处理等，并得到结果	A：根据任务和探究方案，能够熟练运用运算、推理、实验等方式，选择合适的数学模型解决问题，得到探究结果。 B：能够运用运算、推理、实验等方式进行探究，建立数学模型但不一定合理，比较困难地得到结果。 C：数学运算、推理、实验等方式运用不够熟练，数学模型应用混乱，未能得到结果	
反思提升	质疑反思	回顾探究过程，表达自己的观点，反思、质疑	A：清晰回归探究过程，反思数学方法和模型的合理性，对他人的探究进行鉴赏、质疑。 B：能够简单梳理探究过程，反思较少，对他人的探究很少质疑。 C：不清晰自己是如何探究的，无反思、无质疑	
小组合作	分工协作	小组分工、分配任务、讨论。	A：分工明确，任务分配合理，积极参与讨论。 B：分工不够明确，只有基本的任务分配，参与部分讨论。 C：分工不明确，有成员没有任务，不参与讨论	
	汇报交流	成果的展示，汇报交流	A：熟练展示汇报探究成果，赏析他人成果，与其他人分享交流。 B：能够讲清楚探究结果，与他人交流较少。 C：对探究结果讲解不清，不与他人交流	

2. 你在学习读出你心魔术中运用到哪些数学知识和能力？请详细列举。

3. 请你用文字进一步描述在读出你心数学魔术过程中的感受。
你的收获：

你的困惑：

你的建议：

第四节 心灵之约

通过几张卡片与扑克牌猜出女生的心仪男生特点是件神奇的事情。"心灵之约"魔术利用连续三张扑克牌的点数和是 3 的倍数或 3 的余数性质而设计。在魔术中培养学生的直觉思维、数感、利用数学解决问题的意识与能力，感受数学的应用与神奇。

一、魔术流程

1. 桌上放着三张"预言纸"，请女生写下描述"心仪男生"的几个词（不让魔术师看见）；

2. 魔术师拿出一副扑克牌让牌随机落下，学生喊停并从落下的牌中取出最上面三张，算出点数和；

3. 请学生对着三张"预言纸"从左到右依次点数，直到点数至三张牌的点数和停止，翻开对应的"预言纸"，心灵之约预言：阳光、幽默、专一、上进、帅气，与学生写的基本一致。

"预言纸"上的词语如图 2-7 所示，魔术表演时把"预言纸"倒扣在桌上。

①	②	③
帅气、文质彬彬、内向、幽默、风趣、伪君子、勇敢、固执	帅气、害羞、寡言、幽默、威猛、随性、倔强	帅气、阳刚、阳光、幽默、专一、上进、豁达、勤奋、乐观、孝顺

图 2-7 预言纸

二、魔术揭秘

"心灵之约"魔术游戏一共用了 48 张扑克牌（不包括王牌和 K），牌序有规律，连续的 3 张牌之和是 3 的倍数，应用同余原理设计。

将所用的牌按模三（mod 3）分成三类，第一类 3 的倍数：3，6，9，Q；第二类 3 的倍数余 1：A，4，7，10；第三类 3 的倍数余 2：2，5，8，J。

依次从这三类中抽取一张构成排序（如图 2-8 所示是其中一种），这样连续 3 张牌的点数和是 3 的倍数。魔术师将"心灵之约"的第三张预言纸放在最右边。

图 2-8　牌的排序

三、魔术拓展

(一) 未卜先知

1. 魔术师拿出一副 52 张的扑克牌 (不含王牌), 并将一张 "预言卡片" 放在桌上。

2. 请学生洗牌后将牌分成若干堆, 算出每堆牌的点数和, 求出每个和的各位数字之和, 直到变成一位数为止;

3. 算出上述一位数的和, 求出该和的各位数字之和直到变成一位数;

4. 最后的得数与 "预言卡片" 上的一致。

(二) 猜总和

1. 魔术师将洗好的扑克牌放在桌上并转身, 请第一位学生在 10～19 中选一个数, 第二位学生在 20～29 中选一个数, 第三位学生在 30～39 中选一个数, 第四位学生在 40～49 中选一个数, 求出四个数的和;

2. 请学生依次取牌表示自己选择的数, 如 23, 左边放 2 张、右边放 3 张;

3. 学生将剩下的牌递给魔术师, 魔术师默数剩余扑克牌的数量, 转过身来说出四数之和。

(三) 唯一的数

1. 魔术师背对学生, 请学生任想一个二位数的质数, 算出其平方, 然后求出除以 6 的余数;

2. 魔术师立刻说出这个余数。

四、数学素养

以心灵之约魔术为载体, 通过观赏魔术、体验魔术、感悟魔术、揭秘魔术、交流魔术和创造魔术的过程, 使学生能够用数学的眼光观察魔术, 培养抽象与概括能力; 用数学思维思考魔术, 提升推理与论证能力; 用数学语言表达魔术, 发展模型化与应用能力。

通过魔术培养数学能力: ☑归纳总结的能力; □演绎推理的能力; □准确计算的能力; ☑提出问题、分析问题、解决问题的能力; ☑抽象的能力; ☑联想的能力; □学习新知识的能力; ☑口头和书面的表达能力; □创新的能力；□灵活运用数学软件的能力。

通过魔术提升数学素养：☑主动探寻并善于抓住数学问题中的背景和本质；☑熟练地用准确、严格、简练的数学语言表达自己的数学思想；□具有良好的科学态度和创新精神，合理地提出数学猜想、数学概念；□提出猜想并以数学的理性思维，从多角度探寻解决问题的道路；☑善于对现实世界中的现象和过程进行合理的简化和量化，建立数学模型。

五、思考

1. 设计一份适合小学生使用的心灵之约魔术学习单。

2. 将心灵之约魔术中的三张预言纸改成四张或五张。预言纸应该放在哪里？需要几张牌？请自己完成设计并表演。

六、实践

（一）有规律的排列

1. 一列数：1，2，3，4，5，6，7，8，9，10，11，12，13，14，15，16，17，18。从头开始写出连续的 3 个数为一组，有几组？观察每组数的和有什么规律？为什么？

2. 将上面那列数从任一位置处分成两部分，并将前面部分（整体）移到后一部分的尾部形成新数列。

例如，6，7，8，9，10，11，12，13，14，15，16，17，18，1，2，3，4，5，从头开始写出连续的 3 个数为一组，有几组？观察每组数的和有什么规律？为什么？

3. 如果将 1~18 按顺时针排在圆环的 18 个位置上，从任意一个数开始连续的 3 个数为一组，有几组？每组数的和有什么规律？

4. 如果将 6，7，8，9，10，11，12，13，14，15，16，17，18，1，2，3，4，5 按顺时针排在圆环的 18 个位置上，从任意一个数开始连续的 3 个数为一组，有几组？每组数的和有什么规律？

5. 如果在任意一个数处分开，将前面部分（整体）放在后面，并按顺序排成圆环，还有这个规律吗？

（二）猜想

1. 心灵之约魔术可用几张牌？为什么？

2. 这些牌如何排序？

3. 魔术师将预言纸张放在哪个位置才能成功？

4. 这个魔术的原理是什么？

（三）解决问题

请分析心灵之约魔术拓展中的数学原理。

（四）反思总结

1. 完成心灵之约自我发展评价表 2-11。

表 2-11　心灵之约自我发展评价表

一级指标	二级指标	二级指标概述	评价标准（高→低）对应（A→C）	发展等级
问题探究	理解对象	通过观察、交流，对问题进行表征，运用所学知识，理解探究的对象	A：数学观察、讨论，运用所学知识，对问题重新表征，从数学的角度理解问题。 B：能够分析、基本理解问题，直接解决问题。 C：被动接受问题，对问题有疑问，或者不能和已有知识建立联系	
	提出猜想	比较已知与未知，预估方向，提出猜想	A：在已知与未知之间建立联系，根据数学表征，比较准确地预估问题解决的方向，提出猜想。 B：了解已知与未知关系，大概预判解决问题方向，未提出猜想；或者预估错误的方向，提出错误的猜想。 C：对已知和未知关系不清晰，无问题解决方向和研究猜想	

一级指标	二级指标	二级指标概述	评价标准（高→低）对应（A→C）	发展等级
问题探究	方案设计	将问题转化为任务，注重逻辑关系及探究形式的选择	A：选择自主探究或者小组合作的探究形式，能够按照逻辑关系设计操作的数学任务并提出具体解决方案。 B：自主探究或者小组合作，能够设计数学任务，但是对各自任务不清晰，解决方案不清晰。 C：按照教师安排进行探究，不清晰数学任务，未能提出解决方案	
	操作实施	选择数学模型实施方案，具体操作包括：运算、推理、实验、数据处理等，并得到结果	A：根据任务和探究方案，能够熟练运用运算、推理、实验等方式，选择合适的数学模型解决问题，得到探究结果。 B：能够运用运算、推理、实验等方式进行探究，建立数学模型但不一定合理，比较困难地得到结果。 C：数学运算、推理、实验等方式运用不够熟练，数学模型应用混乱，未能得到结果	
反思提升	质疑反思	回顾探究过程，表达自己的观点，反思、质疑	A：清晰回归探究过程，反思数学方法和模型的合理性，对他人的探究进行鉴赏、质疑。 B：能够简单梳理探究过程，反思较少，对他人的探究很少质疑。 C：不清晰自己是如何探究的，无反思、无质疑	
小组合作	分工协作	小组分工、分配任务、讨论	A：分工明确，任务分配合理，积极参与讨论。 B：分工不够明确，只有基本的任务分配，参与部分讨论。 C：分工不明确，有成员没有任务，不参与讨论	
	汇报交流	成果的展示，汇报交流	A：熟练展示汇报探究成果，赏析他人成果，与其他人分享交流。 B：能够讲清楚探究结果，与他人交流较少。 C：对探究结果讲解不清，不与他人交流	

2. 你在学习心灵之约魔术中运用到哪些数学知识和能力？请详细列举。

3. 请你用文字进一步描述在心灵之约数学魔术过程中的感受。

你的收获：

你的困惑：

你的建议：

第五节　定位追踪

生活中人们常用软件定位位置，数学也可以实现定位。本节利用扑克牌与骰子设计了定位追踪魔术。魔术师背对学生，学生将 9 张牌排成三行三列，按照一定的规则完成操作后，魔术师说出骰子最终所处的位置。该魔术利用的数学原理是自然数的奇偶性性质，通过揭秘魔术培养学生解决问题的能力。

一、魔术流程

道具：扑克牌 9 张，笔、骰子一颗。

表演者：背对学生。

1. 请学生将 9 张牌排成三行三列如图 2-9 所示，从左到右、从上到下写上 A_1、A_2、A_3、A_4、A_5、A_6、A_7、A_8、A_9 如图 2-10 所示。

$$A_1 \quad A_2 \quad A_3$$
$$A_4 \quad A_5 \quad A_6$$
$$A_7 \quad A_8 \quad A_9$$

图 2-9　9 张牌的排列　　　　**图 2-10　9 张牌的标号**

2. 请学生将骰子任意放在某张牌上，按下列指示操作：

（1）如果骰子在 A_1、A_3、A_5、A_7 或 A_9 上，请他从当前位置任意走奇数步（上下或左右走，不能斜着走），将骰子放在最终的牌上，请他拿走 A_1 和 A_7 位置的牌；

然后，从当前位置任意走奇数步，将骰子放在最终的牌上，拿走 A_2 和 A_8 位置的牌；

接着，从当前位置任意走奇数步，将骰子放在最终的牌上，拿走 A_3 和 A_9 位置的牌；

再从当前位置任意走奇数步，将骰子放在最终的牌上；

表演者断言骰子停在 A_5 位置。

（2）如果骰子在 A_2、A_4、A_6 或 A_8 上，请他从当前位置先任意走三步，将骰子放在最终的牌上；

请他从当前位置任意走奇数步（上下或左右走，不能斜着走），将骰子放在最终的牌上，请他拿走 A_1 和 A_7 的两张牌；

然后，从当前位置任意走奇数步，将骰子放在最终的牌上，拿走 A_2 和 A_8 位置的牌；

接着，从当前位置任意走奇数步，将骰子放在最终的牌上，拿走 A_3 和 A_9 位置的牌；

再从当前位置任意走奇数步，将骰子放在最终的牌上；

表演者断言骰子停在 A_5 位置。

二、魔术揭秘

设 A_i 位置的牌对应整数 i，如果 i 是奇数，从 A_i 开始走 k（奇数）步后到 A_{i+k} 或 A_{i-k} 或 A_{i-3k} 或 A_{i+3k} 位置，那么整数 $(i+k)$ 或 $(i-k)$ 或 $(i-3k)$ 或 $(i+3k)$ 都是偶数。如果 i 是偶数，从 A_i 开始走 3 步后到 A_1 或 A_3 或 A_5 或 A_7 或 A_9 位置。

如果学生指定的牌在对角线上即 i 是奇数，任走奇数步后到达偶数位置，拿走 A_1 和 A_7 位置的牌；接着任走奇数步后到达奇数位置（A_3，A_5 或 A_9），拿走 A_2 和 A_8 位置的牌；接着任走奇数步后到达偶数位置（A_4 或 A_6），拿走 A_3 和 A_9 位置的牌；这时只剩 A_4，A_5，A_6，再接着任走奇数步后最终停在 A_5。

同理，如果学生指定的牌不在对角线上最终也会停在 A_5。

三、魔术拓展

（一）浑水摸"币"

1. 桌上有相同的 10 枚硬币，4 枚正面朝上 6 枚反面朝上，请一位学生在不翻转硬币的情况下随意打乱硬币，用一块布盖住这一堆硬币；

2. 魔术师走到桌边，双手伸到布下将硬币分成两堆并翻转了几枚；

3. 魔术师预言：两堆硬币正面朝上的个数一样多，并请学生验证。

（二）翻翻乐

1. 桌上有 12 张扑克，4 张正面朝上 8 张反面朝上；

2. 学生每次任意翻转其中 2 张，可翻动任意次，完成后选择一张用盒子罩住（此时魔术师不在附近）；

3. 魔术师走到桌边看了一眼，说出那张用盒子罩住的扑克的朝向。

（三）有缘相见

1. 魔术师从一副牌中随机抽取一张，正面朝上放在桌上并在牌正面写上"有缘"，学生任意抽一张在正面写上"相见"并正面朝下放在桌上（不让魔术师看到）；魔术师将剩余的牌分成两叠，一叠牌放在"有缘"的左边，一叠牌放在"相见"的左边。

2. 请学生从"有缘"的左边那叠切出一部分放在"有缘"的右边，将"有缘"牌放在其左边那叠的最上面；按同样的步骤，操作"相见"牌及其左边的那叠牌，此时桌上有四叠牌。

3. 将右上那叠放置左下那叠之上，将右下那叠放置左上那叠之上，此时桌上形成两叠，再任意将其中一叠放在另一叠上，此时桌上只有一叠牌。

4. 魔术师按一左一右依次发牌，分成两叠；选取"有缘"的那叠，按一左一右依次发牌，分成两叠；继续选取"有缘"的那叠，依此操作直至最后剩下两张，牌面朝下的那张就是"相见"。

（四）猜图形

1. 请学生任选图 2-11 中的两个图形，算出所选图形中两数之和；

2. 如果和为偶数，再算出两数的积；

3. 魔术师说出学生选的图形。

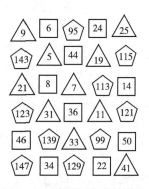

图 2-11　猜图形魔术的道具

（五）对数相等

1. 一副 52 张的扑克牌，每次翻 2 张；

2. 如果两张不同颜色，则弃之于一旁；如果两张都是红色，则将其放在左边；如果两张都是黑色，则放在右边；

3. 最后，红牌的对数等于黑牌的对数。

四、数学素养

以定位追踪魔术为载体，通过观赏魔术、体验魔术、感悟魔术、揭秘魔术、交流魔术和创造魔术的过程，使学生能够用数学的眼光观察魔术，培养抽象与概括能力；用数学思维思考魔术，提升推理与论证能力；用数学语言表达魔术，发展模型化与应用能力。

通过魔术培养数学能力：☑归纳总结的能力；□演绎推理的能力；□准确计算的能力；☑提出问题、分析问题、解决问题的能力；□抽象的能力；□联想的能力；□学习新知识的能力；□口头和书面的表达能力；□创新的能力；□灵活运用数学软件的能力。

通过魔术提升数学素养：☑主动探寻并善于抓住数学问题中的背景和本质；☑熟练地用准确、严格、简练的数学语言表达自己的数学思想；□具有良好的科学态度和创新精神，合理地提出数学猜想、数学概念；☑提出猜想并以数学的理性思维，从多角度探寻解决问题的道路；☑善于对现实世界中的现象和过程进行合理的简化和量化，建立数学模型。

五、思考

1. 设计一份适合小学生使用的"翻翻乐"学习单。
2. 利用自然数的奇偶性设计一个魔术。

六、实践

（一）操作与记录

如果骰子在 A_1、A_3、A_5、A_7 或 A_9 上，请学生从当前位置任意走（上下或左右走，不能斜着走）_____步后，骰子可能会在_____上，请他拿走_____和_____两张牌，拿走牌的位置不能走；然后，从当前位置任意走_____步，骰子可能会在_____上，请他拿走_____和_____位置的牌，拿走牌的位置不能走；接着，从当前位置任意走_____步，骰子可能会在_____上，拿走_____和_____位置的牌，拿走牌的位置不能走；再从当前位置任意走_____步，骰子在_____上。

如果骰子在 A_2、A_4、A_6 或 A_8 上，请他从当前位置先任意走_____步后，骰子可能会在_____上；请学生从当前位置任意走（上下或左右走，不能斜着走）_____步后，骰子可能会在_____上，请他拿走_____和_____两张牌，拿走牌的位置不能走；然后，从当前位置任意走_____步，骰子可能会在_____上，请他拿走_____和_____位置的牌，拿走牌的位置不能走；接着，从当前位置任意走＿＿＿＿＿＿步，骰子可能会在＿＿＿＿＿＿上，拿走＿＿＿＿＿＿和＿＿＿＿＿＿位置的牌，拿走牌的位置不能走；再从当前位置任意走＿＿＿＿＿＿步，骰子在＿＿＿＿＿＿上。

（二）定位追踪的原理

设 A_i 位置的牌对应整数 i，如果 i 是奇数，从 A_i 开始走 k（奇数）步后可能到＿＿＿＿＿＿位置，那么这些位置的下标对应的整数都是＿＿＿＿＿＿。如果 i 是偶数，从 A_i 开始走 3 步后到＿＿＿＿＿＿位置，那么这些位置的下标对应的整数都是＿＿＿＿＿＿。

如果学生指定的牌在对角线上即 i 是奇数，任走奇数步后到＿＿＿＿＿＿位置，拿走 A_1 和 A_7 位置的牌；接着任走奇数步后到＿＿＿＿＿＿位置，拿走 A_2 和 A_8 位置的牌；接着任走奇数步后到＿＿＿＿＿＿位置，拿走 A_3 和 A_9 位置的牌；这时只剩＿＿＿＿＿＿位置，再接着任走奇数步后最终停在 A_5。

如果学生指定的牌在非对角线上，先走三步就到对角线上，此时转化为从对角线出发的问题，按规则走完，最终停在 A_5。

（三）解决问题

请分析定位追踪魔术拓展中的数学原理。

（四）反思总结

1. 完成定位追踪自我发展评价表 2-12。

表 2-12　定位追踪自我发展评价表

一级指标	二级指标	二级指标概述	评价标准（高→低）对应（A→C）	发展等级
问题探究	理解对象	通过观察、交流，对问题进行表征，运用所学知识，理解探究的对象	A：数学观察、讨论，运用所学知识，对问题重新表征，从数学的角度理解问题。 B：能够分析、基本理解问题，直接解决问题。 C：被动接受问题，对问题有疑问，或者不能和已有知识建立联系	
	提出猜想	比较已知与未知，预估方向，提出猜想	A：在已知与未知之间建立联系，根据数学表征，比较准确地预估问题解决的方向，提出猜想。 B：了解已知与未知关系，大概预判解决问题方向，未提出猜想；或者预估错误的方向，提出错误的猜想。 C：对已知和未知关系不清晰，无问题解决方向和研究猜想	

一级指标	二级指标	二级指标概述	评价标准（高→低）对应（A→C）	发展等级
问题探究	方案设计	将问题转化为任务，注重逻辑关系及探究形式的选择	A：选择自主探究或者小组合作的探究形式，能够按照逻辑关系设计操作的数学任务并提出具体解决方案。 B：自主探究或者小组合作，能够设计数学任务，但是对各自任务不清晰，解决方案不清晰。 C：按照教师安排进行探究，不清晰数学任务，未能提出解决方案	
	操作实施	选择数学模型实施方案，具体操作包括：运算、推理、实验、数据处理等，并得到结果	A：根据任务和探究方案，能够熟练运用运算、推理、实验等方式，选择合适的数学模型解决问题，得到探究结果。 B：能够运用运算、推理、实验等方式进行探究，建立数学模型但不一定合理，比较困难地得到结果。 C：数学运算、推理、实验等方式运用不够熟练，数学模型应用混乱，未能得到结果	
反思提升	质疑反思	回顾探究过程，表达自己的观点，反思、质疑	A：清晰回归探究过程，反思数学方法和模型的合理性，对他人的探究进行鉴赏、质疑。 B：能够简单梳理探究过程，反思较少，对他人的探究很少质疑。 C：不清晰自己是如何探究的，无反思、无质疑	
小组合作	分工协作	小组分工、分配任务、讨论	A：分工明确，任务分配合理，积极参与讨论。 B：分工不够明确，只有基本的任务分配，参与部分讨论。 C：分工不明确，有成员没有任务，不参与讨论	
	汇报交流	成果的展示，汇报交流	A：熟练展示汇报探究成果，赏析他人成果，与其他人分享交流。 B：能够讲清楚探究结果，与他人交流较少。 C：对探究结果讲解不清，不与他人交流	

2. 你在学习定位追踪魔术中运用到哪些数学知识和能力？请详细列举。

3. 请你用文字进一步描述在定位追踪数学魔术过程中的感受。

你的收获：

你的困惑：

你的建议：

第六节　数表探秘

日历表、百数表等数表中蕴含着一定的数学规律。构造数表，通过圈出数表中不同行与不同列的数，发现圈出的数之和是一个确定的数。数表探秘魔术是利用数的分解与加法运算或线性方程组的原理进行设计，操作简单，可以培养学生比较、多角度观察与分析的能力。

一、魔术流程

1. 魔术师拿出一张写有数字的纸，请学生用笔圈出一个，划去与其同行、同列的数；

2. 从剩下的数中圈出一个，划去与其同行、同列的数；

3. 按照这样的方法得到第三个圈好的数；

4. 圈出最后剩下的数（如图 2-12 所示）；

5. 将四个圈好的数相加得 22，刚好是学生的年龄。

（注意：此魔术可以根据学生年龄调整表格数据。）

③	6	7	4
5	8	9	6
4	7	8	5
2	5	6	3

3	6	7	4
5	⑧	9	6
4	7	8	5
2	5	6	3

3	6	7	4
5	8	9	6
4	7	⑧	5
2	5	6	3

③	6	7	4
5	⑧	9	6
4	7	⑧	5
2	5	6	③

图 2-12　按规则圈数示例

二、魔术揭秘

（一）初等方法揭秘

从列观察发现，第二、三、四列数分别比第一列相应位置的数多 3、多 4、多 1，如果每列数都减去第一列相应位置的数如表 2-13 所示，那么圈出 4 个不同行、不同列的 4 数之和为 0+1+3+4=8，再加上原第一列数的和 14（3+5+4+2=14），即 8+14=22 就是原数表中圈出的 4 数和。

表 2-13　简化后的数表

0	3	4	1
0	3	4	1
0	3	4	1
0	3	4	1

（二）方程组的解法揭秘

第二、三、四行数分别比第一行多 2、多 1、少 1，所以数表中行的构成是以某四个数为基数通过行变换得来，列也如此。不妨设行基数为 (x_1, x_2, x_3, x_4)，列基数为 $(x_5, x_6, x_7, x_8)^T$ 通过 "+" 运算得表 2-14。

表 2-14　数表运算表

+	x_1	x_2	x_3	x_4
x_5	$x_1 + x_5$	$x_2 + x_5$	$x_3 + x_5$	$x_4 + x_5$
x_6	$x_1 + x_6$	$x_2 + x_6$	$x_3 + x_6$	$x_4 + x_6$
x_7	$x_1 + x_7$	$x_2 + x_7$	$x_3 + x_7$	$x_4 + x_7$
x_8	$x_1 + x_8$	$x_2 + x_8$	$x_3 + x_8$	$x_4 + x_8$

a_{ij} 表示第 i 行第 j 列的数，得方程组 $x_i + x_j = a_{ij}$，$i, j \in \{1, 2, 3, 4\}$，具体如下：

$$x_1 + x_5 = 3$$
$$x_2 + x_5 = 6$$
$$x_3 + x_5 = 7$$
$$x_4 + x_5 = 4$$

$$x_1 + x_6 = 5$$
$$x_2 + x_6 = 8$$
$$x_3 + x_6 = 9$$
$$x_4 + x_6 = 6$$
$$x_1 + x_7 = 4$$
$$x_2 + x_7 = 7$$
$$x_3 + x_7 = 8$$
$$x_4 + x_7 = 5$$
$$x_1 + x_8 = 2$$
$$x_2 + x_8 = 5$$
$$x_3 + x_8 = 6$$
$$x_4 + x_8 = 3$$

上述方程组的矩阵形式为：$AX = b$

其中 $b = (3,6,7,4,5,8,9,6,4,7,8,5,2,5,6,3)^T$，

$X = (x_1, x_2, x_3, x_4, x_5, x_6, x_7, x_8)^T$

$$A = \begin{bmatrix} 1 & 0 & 0 & 0 & 1 & 0 & 0 & 0 \\ 0 & 1 & 0 & 0 & 1 & 0 & 0 & 0 \\ 0 & 0 & 1 & 0 & 1 & 0 & 0 & 0 \\ 0 & 0 & 0 & 1 & 1 & 0 & 0 & 0 \\ 1 & 0 & 0 & 0 & 0 & 1 & 0 & 0 \\ 0 & 1 & 0 & 0 & 0 & 1 & 0 & 0 \\ 0 & 0 & 1 & 0 & 0 & 1 & 0 & 0 \\ 0 & 0 & 0 & 1 & 0 & 1 & 0 & 0 \\ 1 & 0 & 0 & 0 & 0 & 0 & 1 & 0 \\ 0 & 1 & 0 & 0 & 0 & 0 & 1 & 0 \\ 0 & 0 & 1 & 0 & 0 & 0 & 1 & 0 \\ 0 & 0 & 0 & 1 & 0 & 0 & 1 & 0 \\ 1 & 0 & 0 & 0 & 0 & 0 & 0 & 1 \\ 0 & 1 & 0 & 0 & 0 & 0 & 0 & 1 \\ 0 & 0 & 1 & 0 & 0 & 0 & 0 & 1 \\ 0 & 0 & 0 & 1 & 0 & 0 & 0 & 1 \end{bmatrix}$$

由 $AX = b$ 对增广矩阵 $\tilde{A}$ 进行初等行变换得

$$
\tilde{A} = \begin{bmatrix}
1 & 0 & 0 & 0 & 1 & 0 & 0 & 0 & 3 \\
0 & 1 & 0 & 0 & 1 & 0 & 0 & 0 & 6 \\
0 & 0 & 1 & 0 & 1 & 0 & 0 & 0 & 7 \\
0 & 0 & 0 & 1 & 1 & 0 & 0 & 0 & 4 \\
1 & 0 & 0 & 0 & 0 & 1 & 0 & 0 & 5 \\
0 & 1 & 0 & 0 & 0 & 1 & 0 & 0 & 8 \\
0 & 0 & 1 & 0 & 0 & 1 & 0 & 0 & 9 \\
0 & 0 & 0 & 1 & 0 & 1 & 0 & 0 & 6 \\
1 & 0 & 0 & 0 & 0 & 0 & 1 & 0 & 4 \\
0 & 1 & 0 & 0 & 0 & 0 & 1 & 0 & 7 \\
0 & 0 & 1 & 0 & 0 & 0 & 1 & 0 & 8 \\
0 & 0 & 0 & 1 & 0 & 0 & 1 & 0 & 5 \\
1 & 0 & 0 & 0 & 0 & 0 & 0 & 1 & 2 \\
0 & 1 & 0 & 0 & 0 & 0 & 0 & 1 & 5 \\
0 & 0 & 1 & 0 & 0 & 0 & 0 & 1 & 6 \\
0 & 0 & 0 & 1 & 0 & 0 & 0 & 1 & 3
\end{bmatrix}
\rightarrow
\begin{bmatrix}
1 & 0 & 0 & 0 & 0 & 0 & 0 & 1 & 2 \\
0 & 1 & 0 & 0 & 0 & 0 & 0 & 1 & 5 \\
0 & 0 & 1 & 0 & 0 & 0 & 0 & 1 & 6 \\
0 & 0 & 0 & 1 & 0 & 0 & 0 & 1 & 3 \\
0 & 0 & 0 & 0 & 1 & 0 & 0 & -1 & 1 \\
0 & 0 & 0 & 0 & 0 & 1 & 0 & -1 & 3 \\
0 & 0 & 0 & 0 & 0 & 0 & 1 & -1 & 2
\end{bmatrix}
$$

由于 $r(\tilde{A}) = r(A) = 7 < 8$，所以方程组有无穷多解。

如果取 $(x_1, x_2, x_3, x_4, x_5, x_6, x_7, x_8)^T = (1,4,5,2,2,4,3,1)^T$，得表 2-15。

表 2-15 数表构造 1

+	1	4	5	2
2	3	6	7	4
4	5	8	9	6
3	4	7	8	5
1	2	5	6	3

如果取 $(x_1, x_2, x_3, x_4, x_5, x_6, x_7, x_8)^T = (0,3,4,1,3,5,4,2)^T$，得表 2-16。

表 2-16 数表构造 2

+	0	3	4	1
3	3	6	7	4
5	5	8	9	6
4	4	7	8	5
2	2	5	6	3

圈出的数表中 4 个不同行、列的四数之和是 $x_1 + x_2 + x_3 + x_4 + x_5 + x_6 + x_7 + x_8 = 22$。

三、魔术拓展

（一）浪漫时光

依次圈出表 2-17 中 4 个不同行、不同列的 4 个数，发现其和都为 520。

表 2-17　浪漫时光数表

74	99	116	120
111	136	153	157
105	130	147	151
117	142	159	163

（二）日历秘密

1. 任选一个某月的日历表，用笔划出一个包含 16 个数字的 4×4 长方形。

2. 魔术师看一眼划出的长方形背过身，学生从中圈出 4 个不同行、列的数；

3. 魔术师说出 4 数之和。

（三）猜长方形

1. 任选一个某月的日历表，魔术师背对学生，请他用笔划出一个长方形，并说出长方形内右下角和左上角两个数的差；

2. 魔术师说出长方形的长（列数）与宽（行数）。

四、数学素养

以数表探秘魔术为载体，通过观赏魔术、体验魔术、感悟魔术、揭秘魔术、交流魔术和创造魔术的过程，使学生能够用数学的眼光观察魔术，培养抽象与概括能力；用数学思维思考魔术，提升推理与论证能力；用数学语言表达魔术，发展模型化与应用能力。

通过魔术培养数学能力：☑归纳总结的能力；☑演绎推理的能力；□准确计算的能力；☑提出问题、分析问题、解决问题的能力；□抽象的能力；☑联想的能力；□学习新知识的能力；☑口头和书面的表达能力；☑创新的能力；□灵活运用数学软件的能力。

通过魔术提升数学素养：☑主动探寻并善于抓住数学问题中的背景和本质；☑熟练地用准确、严格、简练的数学语言表达自己的数学思想；□具有良好的科学态度和创新精神，合理地提出数学猜想、数学概念；☑提出猜想并以数学的理性思维，从多角度探寻解决问题的道路；☑善于对现实世界中的现象和过程进行合理的简化和量化，建立数学模型。

五、思考

1. 设计一份适合小学生使用的数表探秘学习单。

2. 利用百数表设计一个魔术。

3. 用加法数表设计一个 5201314 的魔术。

4. 用乘法数表设计一个 2048 的魔术。

六、实践

（一）枚举法

圈出的 4 个数有几种情况？算出每种情况下 4 个数的和。

（二）观察发现

从列观察，第二列数与第一列数有何联系？第三、四列数与第一列数有何联系？

如果每一列都减去第一列后得到的数表是怎样的？你有何发现？

上述数表圈出的 4 个数的和是多少？这个和比原数表中 4 个数的和少几？

（三）数表的构造原理

第二、三、四行数分别比第一行多 2、多 1、少 1，所以行的构成是以某四个数为基数通过行变换得来，列也类似。

不妨设行基数为 (x_1, x_2, x_3, x_4)，列基数为 $(x_5, x_6, x_7, x_8)^T$，通过加法运算得出表 2-14。根据这个数表有

$$x_1 + x_5 = 3$$
$$x_2 + x_5 = 6$$
$$x_3 + x_5 = 7$$

$$x_4 + x_5 = 4$$
$$x_1 + x_6 = 5$$
$$x_2 + x_6 = 8$$
$$x_3 + x_6 = 9$$
$$x_4 + x_6 = 6$$
$$x_1 + x_7 = 4$$
$$x_2 + x_7 = 7$$
$$x_3 + x_7 = 8$$
$$x_4 + x_7 = 5$$
$$x_1 + x_8 = 2$$
$$x_2 + x_8 = 5$$
$$x_3 + x_8 = 6$$
$$x_4 + x_8 = 3$$

方程组的矩阵形式为：$AX = b$，其中 $A =?$ $b =?$，$X =?$

$AX = b$ 方程有解吗？为什么？

取方程组的一个解代入表 2–14 进行检验。

用一句话概括数表魔术的本质。

（四）解决问题

请分析数表探秘魔术拓展中的数学原理。

（五）反思总结

1. 完成数表探秘自我发展评价表 2–18。

表 2–18　数表探秘自我发展评价表

一级指标	二级指标	二级指标概述	评价标准（高→低）对应（A→C）	发展等级
问题探究	理解对象	通过观察、交流，对问题进行表征，运用所学知识，理解探究的对象	A：数学观察、讨论，运用所学知识，对问题重新表征，从数学的角度理解问题。 B：能够分析、基本理解问题，直接解决问题。 C：被动接受问题，对问题有疑问，或者不能和已有知识建立联系	

一级指标	二级指标	二级指标概述	评价标准（高→低）对应（A→C）	发展等级
问题探究	提出猜想	比较已知与未知，预估方向，提出猜想	A：在已知与未知之间建立联系，根据数学表征，比较准确地预估问题解决的方向，提出猜想。 B：了解已知与未知关系，大概预判解决问题方向，未提出猜想；或者预估错误的方向，提出错误的猜想。 C：对已知和未知关系不清晰，无问题解决方向和研究猜想	
	方案设计	将问题转化为任务，注重逻辑关系及探究形式的选择	A：选择自主探究或者小组合作的探究形式，能够按照逻辑关系设计操作的数学任务并提出具体解决方案。 B：自主探究或者小组合作，能够设计数学任务，但是对各自任务不清晰，解决方案不清晰。 C：按照教师安排进行探究，不清晰数学任务，未能提出解决方案	
	操作实施	选择数学模型实施方案，具体操作包括：运算、推理、实验、数据处理等，并得到结果	A：根据任务和探究方案，能够熟练运用运算、推理、实验等方式，选择合适的数学模型解决问题，得到探究结果。 B：能够运用运算、推理、实验等方式进行探究，建立数学模型但不一定合理，比较困难地得到结果。 C：数学运算、推理、实验等方式运用不够熟练，数学模型应用混乱，未能得到结果	
反思提升	质疑反思	回顾探究过程，表达自己的观点，反思、质疑	A：清晰回归探究过程，反思数学方法和模型的合理性，对他人的探究进行鉴赏、质疑。 B：能够简单梳理探究过程，反思较少，对他人的探究很少质疑。 C：不清晰自己是如何探究的，无反思、无质疑	
小组合作	分工协作	小组分工、分配任务、讨论	A：分工明确，任务分配合理，积极参与讨论。 B：分工不够明确，只有基本的任务分配，参与部分讨论。 C：分工不明确，有成员没有任务，不参与讨论	
	汇报交流	成果的展示，分配汇报交流	A：熟练展示汇报探究成果，赏析他人成果，与其他人分享交流。 B：能够讲清楚探究结果，与他人交流较少。 C：对探究结果讲解不清，不与他人交流	

2. 你在学习数表探秘魔术中运用到哪些数学知识和能力？请详细列举。

3. 请你用文字进一步描述在数表探秘魔术过程中的感受。

你的收获：

你的困惑：

你的建议：

第七节　感应之手

学生任取 n 张扑克牌（各种花色都有），牌面朝下摆成一个圆环，然后告诉魔术师红牌的张数 m，魔术师就能准确说出，圆环中相邻红牌的对数比相邻黑牌的对数多（或少）$(2m-n)$。魔术"感应之手"利用编码、字母表示数、代数式运算设计，体现了数学中的不变量思想，通过魔术培养学生代数思维。

一、魔术流程

1. 请学生从扑克牌（不含王牌）中任取 20 张（各种花色都有），数出红牌张数告诉魔术师；

2. 学生洗牌后牌面朝下摆成一个圆环，如图 2-13 所示（不让魔术师看到）；

3. 魔术师与学生握手，感应出圆环中相邻红牌的对数比相邻黑牌对数多（少）几；

4. 请学生翻开牌验证。

二、魔术揭秘

为了不失一般性，设魔术共用了 $(p+q)$ 张牌，p 张红牌 q 张黑牌。摆放一圈后，相邻两张为一对，共有 $(p+q)$ 对，红色的有 m 对，黑色的有 n 对，一红一黑的有 $(p+q-m-n)$ 对。

图 2-13　感应之手摆牌

将红牌赋值为 1，黑牌赋值为 -1，相邻两张牌的赋值数字和有三种情况：若都为 1，则和为 2；若都为 -1，则和为 -2；若一个 1，一个 -1，则和为 0。

若 $(p+q)$ 个数字按顺时针依次为 a_1，a_2，$\cdots$，a_{p+q}，则 $a_1 + a_2 + \cdots + a_{p+q} = p - q$。

$(p+q)$ 对相邻牌满足 $(a_1 + a_2) + (a_2 + a_3) + \cdots + (a_{p+q} + a_1) = 2m - 2n$

得 $a_1 + a_2 + a_3 + \cdots + a_{p+q} = m - n$

即 $p - q = m - n$

也就意味着：红牌数-黑牌数=相邻红牌的对数-相邻黑牌的对数，这就是其中的数学原理。

三、魔术拓展

（一）一步之遥

1. 准备一副完整的扑克牌，请学生任取 10 张红牌和 10 张黑牌；

2. 学生洗牌后牌面朝下随机摆成两行，第一行 11 张，第二行 9 张；

3. 魔术师准确说出第一行的红牌比第二行的黑牌多几张；

4. 请学生翻开牌验证。

（二）永恒的 7

1. 魔术师蒙眼，请学生任取扑克牌分为牌数相等的三堆；

2. 请学生对桌上三堆牌数相同扑克牌做如下移动：先从左边一堆取 2 张放到中间，再从右边一堆取 2 张放到中间，然后从中间数出与左边相等的牌放回左边；

3. 魔术师断定中间一堆还有 7 张牌；

（三）心灵感应

1. 准备一副扑克牌，请学生任意洗牌；

2. 魔术师在纸上写下预言的一张牌的点数；

3. 请学生在 10~19 任意说一个数字 n，数出 n 张牌，再让学生把他说的两位数的十位与个位上的数相加，记为 m。

4. 学生从后往前从 n 张牌中取出第 m 张牌，发现正是魔术师预言的点数。

四、数学素养

以感应之手魔术为载体，通过观赏魔术、体验魔术、感悟魔术、揭秘魔术、交流魔术和创造魔术的过程，使学生能够用数学的眼光观察魔术，培养抽象与概括能力；用数学思维思考魔术，提升推理与论证能力；用数学语言表达魔术，发展模型化与应用能力。

通过魔术培养数学能力：☑归纳总结的能力；☑演绎推理的能力；□准确计算的能力；☑提出问题、分析问题、解决问题的能力；□抽象的能力；☑联想的能力；□学习新知识的能力；□口头和书面的表达能力；□创新的能力；□灵活运用数学软件的能力。

通过魔术提升数学素养：☑主动探寻并善于抓住数学问题中的背景和本质；☑熟练地用准确、严格、简练的数学语言表达自己的数学思想；□具有良好的科学态度和创新精神，合理地提出数学猜想、数学概念；☑提出猜想并以数学的理性思维，从多角度探寻解决问题的道路；☑善于对现实世界中的现象和过程进行合理的简化和量化，建立数学模型。

五、思考

1. 感应之手魔术设计的数学原理是什么？
2. 设计一段表演感应之手魔术的对话。
3. 设计一个适合小学生使用的感应之手魔术（10 张牌）学习单。

六、实践

（一）操作体验

请你任取 20 张牌（假设红牌有 8 张），洗牌后摆成环形。数一数，从任意一张开始相邻两张为一对，共有_____对，红牌有_____对，黑牌有_____对，一红一黑有_____对。

收好牌，洗牌后重新摆一次再数一数，相邻红牌的对数、相邻黑牌的对数与一红一黑的对数分别是多少？

你的猜想：

（二）魔术原理

为了不失一般性，设魔术用了 p 张红牌 q 张黑牌共 $(p + q)$ 张牌。摆放一圈后，相邻两张为一对共有_____对，假设相邻两张红色的牌有 m 对，黑色的牌有 n 对，则一红一黑的有_____对。

如果每张红牌赋值为 1 而每张黑牌赋值为 -1，那么环形中有_____个数字，相邻两张牌的赋值数字和有_____种情况，分别为_____。

如果环形按顺时针依次为 a_1，a_2，$\cdots$，a_{p+q}，则 $a_1 + a_2 + a_3 \cdots + a_{p+q} = $ _____，$(a_1 + a_2) + (a_2 + a_3) + \cdots + (a_{p+q} + a_1) = $ _____，得 $a_1 + a_2 + a_3 + \cdots + a_{p+q} = $ _____，即 $m - n = $ _____。

也就是说，相邻红牌的对数−相邻黑牌的对数＝红牌数−黑牌数，差是不变量，这就是魔术的数学原理。

如果 $p + q = 20$（$p = 8$，$q = 12$），那么 $m - n = p - q$，即相邻红牌的对数比相邻黑牌的对数少 4 对。

（三）解决问题

请分析感应之手魔术拓展中的数学原理。

（四）反思总结

1. 完成感应之手自我发展评价表 2-19。

表 2-19　感应之手自我发展评价表

一级指标	二级指标	二级指标概述	评价标准（高→低）对应（A→C）	发展等级
问题探究	理解对象	通过观察、交流，对问题进行表征，运用所学知识，理解探究的对象	A：数学观察、讨论，运用所学知识，对问题重新表征，从数学的角度理解问题。 B：能够分析、基本理解问题，直接解决问题。 C：被动接受问题，对问题有疑问，或者不能和已有知识建立联系	
	提出猜想	比较已知与未知，预估方向，提出猜想	A：在已知与未知之间建立联系，根据数学表征，比较准确地预估问题解决的方向，提出猜想。 B：了解已知与未知关系，大概预判解决问题方向，未提出猜想；或者预估错误的方向，提出错误的猜想。 C：对已知和未知关系不清晰，无问题解决方向和研究猜想	
	方案设计	将问题转化为任务，注重逻辑关系及探究形式的选择	A：选择自主探究或者小组合作的探究形式，能够按照逻辑关系设计操作的数学任务并提出具体解决方案。 B：自主探究或者小组合作，能够设计数学任务，但是对各自任务不清晰，解决方案不清晰。 C：按照教师安排进行探究，不清晰数学任务，未能提出解决方案	
	操作实施	选择数学模型实施方案，具体操作包括：运算、推理、实验、数据处理等，并得到结果	A：根据任务和探究方案，能够熟练运用运算、推理、实验等方式，选择合适的数学模型解决问题，得到探究结果。 B：能够运用运算、推理、实验等方式进行探究，建立数学模型但不一定合理，比较困难地得到结果。 C：数学运算、推理、实验等方式运用不够熟练，数学模型应用混乱，未能得到结果	

续表

一级指标	二级指标	二级指标概述	评价标准（高→低）对应（A→C）	发展等级
反思提升	质疑反思	回顾探究过程，表达自己的观点，反思、质疑	A：清晰回归探究过程，反思数学方法和模型的合理性，对他人的探究进行鉴赏、质疑。 B：能够简单梳理探究过程，反思较少，对他人的探究很少质疑。 C：不清晰自己是如何探究的，无反思、无质疑	
小组合作	分工协作	小组分工、分配任务、讨论	A：分工明确，任务分配合理，积极参与讨论。 B：分工不够明确，只有基本的任务分配，参与部分讨论。 C：分工不明确，有成员没有任务，不参与讨论	
	汇报交流	成果的展示，汇报交流	A：熟练展示汇报探究成果，赏析他人成果，与其他人分享交流。 B：能够讲清楚探究结果，与他人交流较少。 C：对探究结果讲解不清，不与他人交流	

2. 你在学习感应之手魔术中运用到哪些数学知识和能力？请详细列举。

3. 请你用文字进一步描述在感应之手这个数学魔术过程中的感受。

你的收获：

你的困惑：

你的建议：

第八节　十全十美

成语"十全十美"含义为十分完美，毫无欠缺。借助扑克牌，通过3次补到10点的操作，魔术师能根据3张牌的点数和（假设点数和为12），断言剩余牌从上到下第12张牌的花色与点数。十全十美魔术利用计数或代数式运算设计而成，该魔术游戏操作可以培养学生倒推思想与代数思维。

一、魔术流程

1. 学生洗一副完整的扑克牌（牌面全部朝下）后交给魔术师，魔术师从顶部开始快速数出 30 张（正面朝上，一张一张叠着放），将数出的 30 张牌整体翻转使得牌面全部朝下（确保顺序不变），将剩余的 24 张牌放在另一边；

2. 请学生从 24 张那叠随机抽出 3 张正面朝上摆放。按下列规则补牌：

（1）A~9 代表 1~9，10~K 及大小王都代表 10。

（2）每张牌的牌面点数与 10 差几，就从剩余 21 张牌中拿出几张放在该牌下面。

例如，若学生抽出的 3 张牌分别为 J、8 和 A，则 J 不用补，8 要补 2 张牌，A 要补 9 张牌。

（3）补牌完成后的余牌放到 30 张那一堆上，称为剩余牌。

3. 魔术师看一眼那 3 张牌的点数和（假设点数和为 12），就能准确说出剩余牌从上到下第 12 张的花色与点数。

魔术流程如图 2-14 所示。

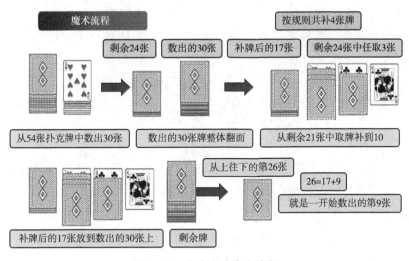

图 2-14　十全十美魔术流程

二、魔术揭秘

若学生抽出的 3 张牌分别为 J、8 和 A，则 J 不用补，8 要补 2 张，A 要补 9 张。学生抽出的 3 张与补的牌共 14 张。补牌后余 10 张，将这 10 张余牌放

到 30 张那一堆上后剩余牌共 40 张。学生抽出的 3 张牌的点数和是 19，剩余牌的第 19（19＝10＋9）张是一开始数出 30 张牌的第 9 张。

不失一般性，假设学生抽出 3 张牌的点数分别为 x_1，x_2，x_3，点数和为 k（$k = x_1 + x_2 + x_3$），则补牌的张数分别为（$10 - x_1$），（$10 - x_2$），（$10 - x_3$）。

学生抽出的牌与补的牌共（$33 - x_1 - x_2 - x_3$）＝（$33 - k$）张。

补牌后剩余 $[24-(33-k)] = (k-9)$ 张，将这（$k-9$）张放在 30 张那叠上面共 $[(k-9)+30]$ 张。

因为 $k = (k-9) + 9$，所以从剩余牌顶部开始的第 k 张就是一开始数出 30 张牌的第 9 张，只要记住数牌时第 9 张的花色与点数就能成功。

三、魔术拓展

（一）完美 13

1. 学生洗一副完整的扑克牌（牌面全部朝下）后交给魔术师，魔术师从顶部开始快速数出 20 张（正面朝上，一张一张叠着放），将数出的 20 张牌整体翻转使得牌面全部朝下（确保顺序不变），另外 34 张牌放在另一边；

2. 请学生从 34 张那叠随机抽出 3 张正面朝上摆放。按下列规则补牌：

（1）A～10 代表 1～10，J～K 代表 11～13，大小王都代表 13。

（2）每张牌的牌面点数与 13 差几，就从剩余 31 张牌中拿出几张放在该牌下面。

（3）补牌完成后的余牌放到 20 张那一堆上，称为剩余牌。

3. 魔术师看一眼那 3 张牌的点数和（假设点数和为 12）就能准确说出剩余牌从上到下第 12 张的花色与点数。

（二）一条龙

1. 请学生洗牌并拿出一摞牌（约 20 张左右）给魔术师，魔术师将其一张张在桌上摆成一个首尾相连的圆圈，从圆圈的某一张牌处再向外延伸摆放几张牌，形成一个牌尾巴状；

2. 魔术师背过身去，请学生想一个 5～12 之间的数，想好后从牌尾巴处，也就是最末的一张牌数起，顺时针沿着圆圈一张牌一张牌地数，数到心中所想的数字时停止，再从这张牌往回（逆时针），沿着圆圈一张牌一张牌地数，数到同一个数字时停止，看一眼停止牌的花色和点数，然后将这张牌放回原处。

3. 魔术师转过身，用一只手在圆圈上感应一番，从圆圈的牌中果断地拿起一张，就是刚才学生所记的那张牌。

四、数学素养

以十全十美魔术为载体，通过观赏魔术、体验魔术、感悟魔术、揭秘魔术、交流魔术和创造魔术的过程，使学生能够用数学的眼光观察魔术，培养抽象与概括能力；用数学思维思考魔术，提升推理与论证能力；用数学语言表达魔术，发展模型化与应用能力。

通过魔术培养数学能力：☑归纳总结的能力；☑演绎推理的能力；□准确计算的能力；☑提出问题、分析问题、解决问题的能力；□抽象的能力；□联想的能力；□学习新知识的能力；☑口头和书面的表达能力；□创新的能力；□灵活运用数学软件的能力。

通过魔术提升数学素养：☑主动探寻并善于抓住数学问题中的背景和本质；☑熟练地用准确、严格、简练的数学语言表达自己的数学思想；□具有良好的科学态度和创新精神，合理地提出数学猜想、数学概念；☑提出猜想并以数学的理性思维，从多角度探寻解决问题的道路；☑善于对现实世界中的现象和过程进行合理的简化和量化，建立数学模型。

五、思考

1. 在十全十美魔术中，如果学生抽到王牌，怎么处理？
2. 请设计一份适合小学生使用的十全十美魔术学习单。

六、实践

（一）操作
按十全十美魔术流程操作一遍，请做好相关记录。
魔术师能看见哪些牌？怎么猜出来的？

如果学生抽出的 3 张牌为方块 K、梅花 7、黑桃 6，那么接下来的操作是：

需补_____张牌，这 3 张与补的牌一共_____张，剩余牌堆中有_____张牌。

接着，从剩余牌堆中数到第_____张，这一张是数出 30 张中的第_____张。

你发现了什么？

（二）推理

整副牌分成三部分：魔术师数出的 30 张，学生抽出的 3 张牌与补的牌，剩余的牌。

设学生抽出 3 张牌的点数分别为 x_1，x_2，x_3，点数和为 k（$k = x_1 + x_2 + x_3$），则补牌的张数分别为_____，学生抽出的牌与补的牌共_____张，剩余牌为_____张。

从上往下数的第 k 张就是魔术师开始数出 30 张的第_____张，所以只要记住数牌时的第_____张表演就能成功。

（三）解决问题

请分析十全十美魔术拓展中的数学原理。

（四）反思总结

1. 完成十全十美自我发展评价表 2-20。

表 2-20　十全十美自我发展评价

一级指标	二级指标	二级指标概述	评价标准（高→低）对应（A→C）	发展等级
问题探究	理解对象	通过观察、交流，对问题进行表征，运用所学知识，理解探究的对象	A：数学观察、讨论，运用所学知识，对问题重新表征，从数学的角度理解问题。 B：能够分析、基本理解问题，直接解决问题。 C：被动接受问题，对问题有疑问，或者不能和已有知识建立联系	
	提出猜想	比较已知与未知，预估方向，提出猜想	A：在已知与未知之间建立联系，根据数学表征，比较准确地预估问题解决的方向，提出猜想。 B：了解已知与未知关系，大概预判解决问题方向，未提出猜想；或者预估错误的方向，提出错误的猜想。 C：对已知和未知关系不清晰，无问题解决方向和研究猜想	

续表

一级指标	二级指标	二级指标概述	评价标准（高→低）对应（A→C）	发展等级
问题探究	方案设计	将问题转化为任务，注重逻辑关系及探究形式的选择	A：选择自主探究或者小组合作的探究形式，能够按照逻辑关系设计操作的数学任务并提出具体解决方案。 B：自主探究或者小组合作，能够设计数学任务，但是对各自任务不清晰，解决方案不清晰。 C：按照教师安排进行探究，不清晰数学任务，未能提出解决方案	
	操作实施	选择数学模型实施方案，具体操作包括：运算、推理、实验、数据处理等，并得到结果	A：根据任务和探究方案，能够熟练运用运算、推理、实验等方式，选择合适的数学模型解决问题，得到探究结果。 B：能够运用运算、推理、实验等方式进行探究，建立数学模型但不一定合理，比较困难地得到结果。 C：数学运算、推理、实验等方式运用不够熟练，数学模型应用混乱，未能得到结果	
反思提升	质疑反思	回顾探究过程，表达自己的观点，反思、质疑	A：清晰回归探究过程，反思数学方法和模型的合理性，对他人的探究进行鉴赏、质疑。 B：能够简单梳理探究过程，反思较少，对他人的探究很少质疑。 C：不清晰自己是如何探究的，无反思、无质疑	
小组合作	分工协作	小组分工、分配任务、讨论	A：分工明确，任务分配合理，积极参与讨论。 B：分工不够明确，只有基本的任务分配，参与部分讨论。 C：分工不明确，有成员没有任务，不参与讨论	
	汇报交流	成果的展示，汇报交流	A：熟练展示汇报探究成果，赏析他人成果，与其他人分享交流。 B：能够讲清楚探究结果，与他人交流较少。 C：对探究结果讲解不清，不与他人交流	

2. 你在学习十全十美魔术中运用到哪些数学知识和能力？请详细列举。

3. 请你用文字进一步描述在十全十美数学魔术过程中的感受。
你的收获：

你的困惑：

你的建议：

第九节　眼见为实

俗话说，"耳听为虚，眼见为实"。眼见就一定为实吗？其实也不尽然。孔子曾说过，"所信者目也，而目犹不可信。"意思是说，人们应该相信眼睛看见的，但是，亲眼看见的也不一定是真实可信的。

"眼见为实"魔术游戏，正是利用人眼视觉不能区分微小变化差异的事实，借助图形的拼补与计算，让神奇的一幕在大家的眼皮底下发生了：面积少了一部分。该魔术利用斐波那契数为图形边长，根据比、比例及斜率知识设计而成，通过魔术培养学生发现问题的意识及分析、解决问题的能力。

一、魔术流程

1. 魔术师出示图 2-15，请学生计算此正方形的面积；

2. 魔术师将图 2-15 中的 4 块图形，重新组合拼成图 2-16，1~4 号分别对应图中（1）-（4）部分，请学生计算拼好后图形的面积；

3. 为什么面积少了？

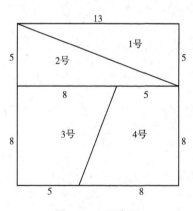

图 2-15　正方形

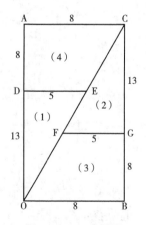

图 2-16　组合拼图

二、魔术揭秘

（一）魔术原理

该谜题是在 1953 年由魔术师保罗·嘉理（Paul Curry）发明的裁切悖论，其原理自从 20 世纪 60 年代就已为数学家所知了。魔术是利用连续的斐波那契数和人眼的视觉错觉设计的。

为什么图 2-16 的面积比图 2-15 的面积少了 1 呢？先观察图 2-15 正方形的边长 13 刚好是斐波那契数列 1，1，2，3，5，8，13，21，…的第 7 项，其边分成了 5 与 8。实际上，上述拼法下点 E、F 并不在长方形 $ACBO$ 的对角线 OC 上，具体情况如图 2-17 所示。

以 OB 为 x 轴 OA 为 y 轴建立平面直角坐标系，只要比较一下三条直线 OF、OC 与 OE 的斜率即可，不妨将他们分别设为 k_{OF}、k_{OC}、k_{OE}，易得 $k_{OF} = \dfrac{8}{3}$，$k_{OC} = \dfrac{21}{8}$，$k_{OE} = \dfrac{13}{5}$，所以点 F、E 并不在长方形 $ACBO$ 的对角线 OC 上，而应该分别位于其左右两侧。

运用点到直线的距离公式及面积公式，易求得平行四边形 $OECF$ 的面积为 1，所以图 2-16 比图 2-15 恰好少了这一块，由于这块面积很小视觉上很难看出来。

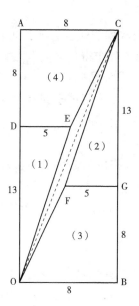

图 2-17　组合图形

（二）斐波那契数列的性质

对于斐波那契数列 1，1，2，3，5，8，…有 $F_n = F_{n-1} + F_{n-2}(n \geq 2)$

性质 1. 以 F_n 为边长的正方形的面积与以 F_{n-1}，F_{n+1} 为边长的矩形的面积之间的关系，有

$$F_n^2 - F_{n-1} \cdot F_{n+1} = (-1)^{n+1}(n \geq 2)$$

性质 2. 任意连续 10 项之和等于第 7 项的 11 倍。

性质 3. 前 n 项之和为第 $(n+2)$ 项与第 2 项之差。

性质 4. $\lim\limits_{n \to +\square} \dfrac{F_{n-1}}{F_n} = 0.618$。

三、魔术拓展

（一）消失的图形

比较图 2-18 中两种拼法下图形面积的变化。

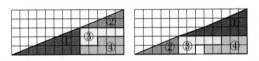

图 2-18　组合图形

（二）斐波那契数列魔术

1. 魔术师写出斐波那契数列的前若干项，让学生截取其中任意的连续 10 项，并用计算器求和。在学生公布得数之前，魔术师已经将答案说出了。

2. 魔术师写出斐波那契数列的前若干项（广义的斐波那契数列也可以），然后让学生任意截取前 n 项，魔术师能迅速说出这 n 项之和。

3. 魔术师拿出一张纸条，上面有 11 个方格。然后转过身去，并让学生完成以下动作：在前两个方格里各填入 1 个数字，然后将它们的和填入第 3 个方格，并将第 2 个和第 3 个方格中的数字之和填入第 4 个方格，以此类推，直至填满第 10 个方格。接下来，请学生报出第 10 个方格中的数，魔术师只需在计算器上简单地按几下，便可说出第 11 个方格中的数是多少。

四、数学素养

以眼见为实魔术为载体，通过观赏魔术、体验魔术、感悟魔术、揭秘魔术、交流魔术和创造魔术的过程，使学生能够用数学的眼光观察魔术，培养抽象与概括能力；用数学思维思考魔术，提升推理与论证能力；用数学语言表达魔术，发展模型化与应用能力。

通过魔术培养数学能力：☑归纳总结的能力；☑演绎推理的能力；□准确计算的能力；☑提出问题、分析问题、解决问题的能力；□抽象的能力；□联想的能力；□学习新知识的能力；☑口头和书面的表达能力；□创新的能力；□灵活运用数学软件的能力。

通过魔术提升数学素养：☑主动探寻并善于抓住数学问题中的背景和本质；☑熟练地用准确、严格、简练的数学语言表达自己的数学思想；□具有良好的科学态度和创新精神，合理地提出数学猜想、数学概念；☑提出猜想并以数学的理性思维，从多角度探寻解决问题的道路；☑善于对现实世界中的现象和过程进行合理的简化和量化，建立数学模型。

五、思考

1. 设计一份眼见为实魔术的流程指导，并表演一次。用小学数学知识揭秘其中的原理。

2. 斐波那契数列中间隔相同的三项（如 F_3、F_5、F_7），左右两项的乘积与中间项的二次幂存在什么关系？

六、实践

（一）算一算

图 2-19 的 1，2，3，4 号分别对应图 2-20 的（1），（2），（3），（4）。

图 2-19 的面积是_____，图 2-20 的面积是_____，图 2-20 比图 2-19 面积少了_____。

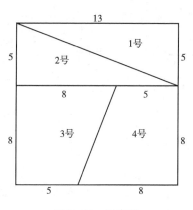

图 2-19　正方形

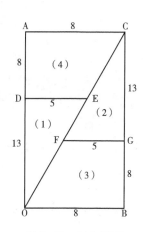

图 2-20　组合拼图

(二) 探究

为什么图 2-20 的面积比图 2-19 少了呢?

图 2-19 正方形的边长 13 刚好是斐波那契数列 1, 1, 2, 3, 5, 8, 13, 21, …的第 7 项,其边分成了 5 与 8,边长是该数列的连续 3 项。

以图 2-21 中 OB 为 x 轴 OA 为 y 轴建立平面直角坐标系,

则 C、E、F 的坐标分别为 _____,k_{OC} = _____,k_{OE} = _____ k_{OF} = _____。

所以 C、E、F 三点并不在长方形 $ACBO$ 的对角线 OC 上,而应该分别位于其左右两侧,如图 2-21 所示。

运用点到直线的距离公式及面积公式,易求得平行四边形 $OECF$ 的面积为 _____,所以图 2-20 比 2-19 恰好少了这一块,由于这块面积很小视觉上很难看出来。

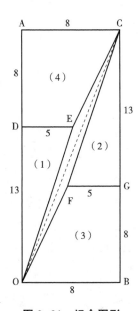

图 2-21　组合图形

此魔术是利用视觉错觉及斐波那契数列设计的。

对于斐波那契数列 $\{F_n\}$:1, 1, 2, 3, 5, 8, …,有 $F_n = F_{n-1} + F_{n-2}$ ($n \geqslant 2$)

以 F_n 为边长的正方形的面积与以 F_{n-1},F_{n+1} 为边长的矩形的面积满足

$$F_n^2 - F_{n-1} \cdot F_{n+1} = (-1)^{n+1} (n \geqslant 2)$$

数列任意连续 10 项之和等于第 7 项的_____倍。

数列前 n 项之和为第_____项与第 2 项之差。

（三）解决问题

请分析眼见为实魔术拓展中的数学原理。

（四）反思总结

1. 完成眼见为实自我发展评价表 2-21。

表 2-21　眼见为实自我发展评价表

一级指标	二级指标	二级指标概述	评价标准（高→低）对应（A→C）	发展等级
问题探究	理解对象	通过观察、交流，对问题进行表征，运用所学知识，理解探究的对象	A：数学观察、讨论，运用所学知识，对问题重新表征，从数学的角度理解问题。 B：能够分析、基本理解问题，直接解决问题。 C：被动接受问题，对问题有疑问，或者不能和已有知识建立联系	
	提出猜想	比较已知与未知，预估方向，提出猜想	A：在已知与未知之间建立联系，根据数学表征，比较准确地预估问题解决的方向，提出猜想。 B：了解已知与未知关系，大概预判解决问题方向，未提出猜想；或者预估错误的方向，提出错误的猜想。 C：对已知和未知关系不清晰，无问题解决方向和研究猜想	
	方案设计	将问题转化为任务，注重逻辑关系及探究形式的选择	A：选择自主探究或者小组合作的探究形式，能够按照逻辑关系设计操作的数学任务并提出具体解决方案。 B：自主探究或者小组合作，能够设计数学任务，但是对各自任务不清晰，解决方案不清晰。 C：按照教师安排进行探究，不清晰数学任务，未能提出解决方案	
	操作实施	选择数学模型实施方案，具体操作包括：运算、推理、实验、数据处理等，并得到结果	A：根据任务和探究方案，能够熟练运用运算、推理、实验等方式，选择合适的数学模型解决问题，得到探究结果。 B：能够运用运算、推理、实验等方式进行探究，建立数学模型但不一定合理，比较困难地得到结果。 C：数学运算、推理、实验等方式运用不够熟练，数学模型应用混乱，未能得到结果	

一级指标	二级指标	二级指标概述	评价标准（高→低）对应（A→C）	发展等级
反思提升	质疑反思	回顾探究过程，表达自己的观点，反思、质疑	A：清晰回归探究过程，反思数学方法和模型的合理性，对他人的探究进行鉴赏、质疑 B：能够简单梳理探究过程，反思较少，对他人的探究很少质疑。 C：不清晰自己是如何探究的，无反思、无质疑	
小组合作	分工协作	小组分工、分配任务、讨论	A：分工明确，任务分配合理，积极参与讨论。 B：分工不够明确，只有基本的任务分配，参与部分讨论。 C：分工不明确，有成员没有任务，不参与讨论	
	汇报交流	成果的展示，汇报交流。	A：熟练展示汇报探究成果，赏析他人成果，与其他人分享交流。 B：能够讲清楚探究结果，与他人交流较少。 C：对探究结果讲解不清，不与他人交流	

2. 你在学习眼见为实魔术中运用到哪些数学知识和能力？请详细列举。

3. 请你用文字进一步描述在眼见为实数学魔术过程中的感受。
你的收获：

你的困惑：

你的建议：

第三章　进阶篇

　　通过洗牌篇和基础篇中数学魔术游戏的学习与实践，学生初步具备了剔除魔术中的冗余信息、析取关键信息的能力，经由抽象、数学化的过程，转化为数学问题，再借助推理或模型来解决问题。

　　相比基础篇，进阶篇的数学魔术游戏难度有一定提升。具体体现在两个方面，一是魔术用到的洗牌方式多样化；二是魔术原理蕴含多个数学知识。以扑克牌、数表等为道具，本篇设计了"完美预言、五牌读心、完美对应、周而复始、排列探因、一线生机、随机匹配、质数探秘"8个魔术游戏，涉及函数与复合函数、模二运算、抽屉原理、同余、二进制、编码与对应、等差数列、质数、周期、概率、不定方程等数学知识。

　　本篇魔术游戏凸显了抽象、推理、模型等主要数学思想在游戏中的渗透，鼓励学生有逻辑、有条理地表达，有意识地迁移知识、转化问题，在问题解决中提高思维的灵活性和创造性，形成创新思维。

　　阅读建议：

　　1. 先按魔术流程实践几遍，做好记录，观察、归纳、猜想魔术中蕴含的数学，试着用数学的方式表达。

　　2. 有困难的结合实践的指引探究或查阅相关文献。

　　3. 知道魔术的数学原理后，再试着操作几次，反思魔术表演的关键，对话语的设计，增强趣味性。

　　4. 思考数学魔术探究的基本方法，增强触类旁通、举一反三能力，提高魔术的再开发、设计能力。

第一节　完美预言

完美预言是利用"拦腰一斩"与"换位置换脑袋"两种洗牌手法，结合"模二加法"的数学原理设计的体现变化中的不变量思维。如果你对一叠偶数张的牌（牌面都朝下）实施这两种洗牌若干次，再将处于偶数位置的牌翻面放在原位置，那么现在有一半的牌正面朝上。拦腰一斩洗牌是从一叠牌的任意位置处切开分成上下两份，并把上面的牌放到下面牌的底部。换位置换脑袋洗牌是将一叠牌最上面两张整体翻面。

一、魔术流程

1. 魔术师拿出一副 20 张牌面朝下的扑克牌，背对学生，请学生用"拦腰一斩"和"换位置换脑袋"的洗牌方式洗牌（洗牌的顺序与次数不限）；

2. 洗完后，请学生将牌有序地排成一行，并把处在偶数位置的牌翻过来；

3. 魔术师预言有 10 张牌面朝上。

魔术流程如图 3-1 所示。

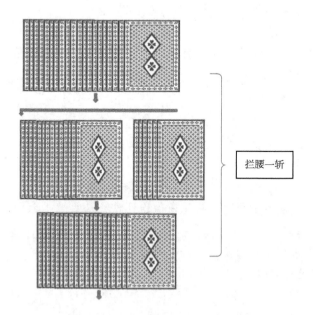

拦腰一斩

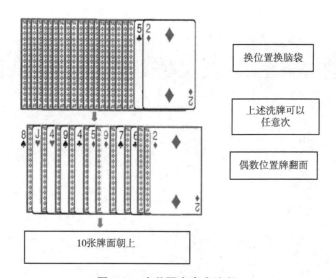

换位置换脑袋

上述洗牌可以
任意次

偶数位置牌翻面

10张牌面朝上

图 3-1 完美预言魔术流程

二、魔术揭秘

(一) 拦腰一斩洗牌后的位置变化规律

假设 20 张编号为 1，2，…，20 的牌放在对应的 1，2，…，20 位置，拦腰一斩 k 张牌后的牌序为 $k+1$，$k+2$，…，20，1，2，3，…，k。

令 $f_{20,k}(i) = \begin{cases} i + (20-k)，& i \leq k \\ i - k，& k < i \leq 20 \end{cases}$ 表示 20 张牌拦腰一斩 k 张后第 i 张的位置。在进行了 6 张、5 张、7 张、2 张的拦腰一斩洗牌后，牌序如表 3-1 所示。

表 3-1 20 张牌依次进行 6 张、5 张、7 张、2 张的拦腰一斩洗牌后的牌序

原牌序	拦腰一斩 6 张 后的牌序	拦腰一斩 5 张 后的牌序	拦腰一斩 7 张 后的牌序	拦腰一斩 2 张 后的牌序
1	7	12	19	1
2	8	13	20	2
3	9	14	1	3
4	10	15	2	4
5	11	16	3	5
6	12	17	4	6
7	13	18	5	7
8	14	19	6	8

原牌序	拦腰一斩 6 张 后的牌序	拦腰一斩 5 张 后的牌序	拦腰一斩 7 张 后的牌序	拦腰一斩 2 张 后的牌序
9	15	20	7	9
10	16	1	8	10
11	17	2	9	11
12	18	3	10	12
13	19	4	11	13
14	20	5	12	14
15	1	6	13	15
16	2	7	14	16
17	3	8	15	17
18	4	9	16	18
19	5	10	17	19
20	6	11	18	20

第 i 张编号牌在进行了 6 张、5 张、7 张、2 张的拦腰一斩后的位置可表示为 $f_{20,2}(f_{20,7}(f_{20,5}(f_{20,6}(i))))$

其中，$f_{20,6}(i) = \begin{cases} i + (20 - 6), & i \leq 6 \\ i - 6, & 6 < i \leq 20 \end{cases}$, $f_{20,5}(i) = \begin{cases} i + (20 - 5), & i \leq 5 \\ i - 5, & 5 < i \leq 20 \end{cases}$

$f_{20,7}(i) = \begin{cases} i + (20 - 7), & i \leq 7 \\ i - 7, & 7 < i \leq 20 \end{cases}$, $f_{20,2}(i) = \begin{cases} i + (20 - 2), & i \leq 2 \\ i - 2, & 2 < i \leq 20 \end{cases}$

例如，第一张的位置变化为 $1 \rightarrow 15 \rightarrow 10 \rightarrow 3 \rightarrow 1$，运算过程可以表述如下：

$$f_{20,6}(1) = 15$$
$$f_{20,5}(f_{20,6}(1)) = f_{20,5}(15) = 10$$
$$f_{20,7}(f_{20,5}(f_{20,6}(1))) = f_{20,7}(10) = 3$$
$$f_{20,2}(f_{20,7}(f_{20,5}(f_{20,6}(1)))) = f_{20,2}(3) = 1$$

(二) 牌的状态

一个数的"模二值"是它被 2 除之后的余数，偶数的模二值是 0，奇数的模二值是 1。

"模二加法"如下：$0 \oplus 0 = 0$，$0 \oplus 1 = 1$，$1 \oplus 0 = 1$，$1 \oplus 1 = 0$。

我们记录每一张牌的三个数据：初始的位置 a，最后的位置 b，最后牌的朝向 c，a 是初始位置的模二值，b 是最后位置的模二值，c 是最后朝向的模二值（0 是反面朝下，1 是正面朝上）。用模二值 $a \oplus b \oplus c$ 表示牌的状态，每张牌的状态对应到 0 或 1。

例如，某张牌的初始位置是 4，最后的位置是 9，最后牌正面朝上，那么 $a = 0$，$b = 1$，$c = 1$，在"模二加法"下 $a \oplus b \oplus c = 0 \oplus 1 \oplus 1 = 0$。

（三）洗牌不改变牌的模二值

1. 拦腰一斩洗牌不改变牌状态的模二值。

当 k 是奇数时，若 i 是奇数其初始位置的模二值 $a = 1$，拦腰一斩洗牌后到了最后位置 b（$[i + (20 - k)]$ 或 $(i - k)$ 均为偶数），其模二值均为 0；

若 i 是偶数其初始位置的模二值 $a = 0$，拦腰一斩洗牌后到了最后位置 b（$[i + (20 - k)]$ 或 $(i - k)$ 均为奇数），其模二值均为 1。

所以当 k 是奇数时，拦腰一斩洗牌后每张牌最后位置的模二值 b 都改变，$b = a \oplus 1$。

当 k 是偶数时，若 i 是奇数其初始位置的模二值 $a = 1$，拦腰一斩洗牌后到了最后位置 b（$[i + (20 - k)]$ 或 $(i - k)$ 均为奇数），其模二值均为 1；

若 i 是偶数其初始位置的模二值 $a = 0$，拦腰一斩洗牌后到了最后位置 b（$[i + (20 - k)]$ 或 $(i - k)$ 均为偶数），其模二值均为 0。

所以当 k 是偶数时，拦腰一斩洗牌后每张牌最后位置的模二值 b 都不变，$b = a$。

综上，拦腰一斩洗牌后每张牌最后位置的 b 要么全变，为 $b = a \oplus 1$；要么全都不变，为 $b = a$。

拦腰一斩不会改变 a，也不会改变 c，每张牌的 b 要么全改变、要么全都不变。

当 k 是奇数时，若 $c = 0$，则每张牌的 $a \oplus b \oplus c = a \oplus (a \oplus 1) \oplus 0 = 1$；若 $c = 1$，则每张牌的 $a \oplus b \oplus c = a \oplus (a \oplus 1) \oplus 1 = 0$。

当 k 是偶数时，若 $c = 0$，则每张牌的 $a \oplus b \oplus c = a \oplus a \oplus 0 = 0$；若 $c = 1$，则每张牌的 $a \oplus b \oplus c = a \oplus a \oplus 1 = 1$。

拦腰一斩洗牌后每张牌的 $a \oplus b \oplus c$ 的值只有一个，要么全是 0，要么全是 1。

2. 换位置换脑袋洗牌不改变牌的模二值。

换位置换脑袋只改变前两张牌的状态，第一张牌变成第二张而且翻过来，它的 b 变成 $b \oplus 1$，c 变成 $c \oplus 1$，此时第二张牌的状态为 $a \oplus b \oplus c = a \oplus (b \oplus 1) \oplus (c \oplus 1) = a \oplus b \oplus c$；

第二张牌变成第一张而且翻过来，它的 b 变成 $b \oplus 1$，c 变成 $c \oplus 1$，此时第一张牌的状态为 $a \oplus b \oplus c = a \oplus (b \oplus 1) \oplus (c \oplus 1) = a \oplus b \oplus c$。

所以换位置换脑袋洗牌后每张牌的 $a \oplus b \oplus c$ 值也不变。

3. 洗牌后 20 张牌的模二值相同。

由此，拦腰一斩或换位置换脑袋洗牌后，20 张牌在"模二加法"下的结果只有一个，要么全是 0，要么全是 1。

（四）完美预言魔术的秘密

假设洗牌后每张牌的模二值为 $a \oplus b \oplus c$，若 $a \oplus b \oplus c = 0$，偶数位置的牌翻过来，相应位置牌的 c 变成 $c \oplus 1$，则其模二值都是 $a \oplus b \oplus c \oplus 1 = 1$，奇数位置的都是 $a \oplus b \oplus c = 0$，即牌面朝上与朝下的都是 10 张；若 $a \oplus b \oplus c = 1$，偶数位置的牌翻过来，相应位置牌的 c 变成 $c \oplus 1$，则其模二值都是 $a \oplus b \oplus c \oplus 1 = 0$，奇数位置的都是 $a \oplus b \oplus c = 1$，即牌面朝上与朝下的都是 10 张。

三、魔术拓展

（一）众人齐心

1. 取 10 张红牌、10 张黑牌，黑红、黑红相间叠起来交给学生；

2. 请他随意地按照拦腰一斩、换位置换脑袋的方式进行洗牌；

3. 请他将牌从上到下依次把牌一左一右分发为两列，选择一列牌都翻过来；

4. 结果向下的全是黑牌，向上的全是红牌；或者向下的全是红牌，向上的全是黑牌。

（二）完美分离

1. 取点数为 1 ~ 10 的牌各两叠，都按点数为 1 ~ 10 的顺序叠起来交给学生；

2. 请他随意地按照拦腰一斩、换位置换脑袋的方式进行洗牌；

3. 洗完牌后，从上到下依次把牌一左一右分发为两列，然后把含有正面朝上的奇数点的那一列牌整体翻过来；

4. 结果桌面上所有正面向下的牌点数均为奇数，向上的牌面点数均为偶数。

（三）一语中的

1. 选 10 张牌，按 1 ~ 10 的次序排成一叠交给一位学生；

2. 请他随意地按照拦腰一斩、换位置换脑袋的方式进行洗牌；

3. 学生逐一告诉牌的点数，魔术师就能说出每张牌是朝上还是朝下。

四、数学素养

以完美预言魔术为载体，通过观赏魔术、体验魔术、感悟魔术、揭秘魔术、交流魔术和创造魔术的过程，使学生能够用数学的眼光观察魔术，培养抽象与概括能力；用数学思维思考魔术，提升推理与论证能力；用数学语言表达魔术，发展模型化与应用能力。

通过魔术培养数学能力：☑归纳总结的能力；☑演绎推理的能力；□准确计算的能力；☑提出问题、分析问题、解决问题的能力；☑抽象的能力；☑联想的能力；☑学习新知识的能力；☑口头和书面的表达能力；☑创新的能力；□灵活运用数学软件的能力。

通过魔术提升数学素养：☑主动探寻并善于抓住数学问题中的背景和本质；☑熟练地用准确、严格、简练的数学语言表达自己的数学思想；☑具有良好的科学态度和创新精神，合理地提出数学猜想、数学概念；☑提出猜想并以数学的理性思维，从多角度探寻解决问题的道路；☑善于对现实世界中的现象和过程进行合理的简化和量化，建立数学模型。

五、思考

1. 设计一份完美预言魔术的学习单。
2. 推导或证明完美预言魔术中洗牌后每张牌的模二值是相同的。

六、实践

（一）认识模二加法

一个数的"模二值"是它被 2 除之后的余数，偶数的模二值是 0，奇数的模二值是 1。

"模二加法"如下：$0 \oplus 0 = 0$，$0 \oplus 1 = 1$，$1 \oplus 0 = 1$，$1 \oplus 1 = 0$。

（二）牌状态的模二加法表示

我们记录每一张牌的三个数据：初始的位置 a，最后的位置 b，最后牌的朝向 c，a 是初始位置的模二值，b 是最后位置的模二值，c 是最后朝向的模二值（0 是反面朝下，1 是正面朝上）。

用模二值 $a \oplus b \oplus c$ 表示牌的状态，每张牌的状态对应到 _____ 或 _____。

例如，某张牌的初始位置是 4，最后的位置是 9，最后牌正面朝上，

那么 $a =$ _____ $b =$ _____ $c =$ _____

在"模二加法"下 $a \oplus b \oplus c =$ _____ 。

（三）拦腰一斩洗牌

1. 拦腰一斩洗牌后牌的位置变化。

假设 20 张编号为 1，2，…，20 的牌放在对应的 1，2，…，20 位置，经

拦腰一斩 k 张牌后，牌序为 $k+1$, $k+2$, $\cdots$, 20, 1, 2, 3, $\cdots$, k。

令 $f_{20,k}(i)$ 表示 20 张牌经拦腰一斩 k 张后第 i 张的位置，则

$f_{20,k}(i) = $ _____

$f_{20,6}(i) = $ _____ $f_{20,5}(i) = $ _____

$f_{20,7}(i) = $ _____ $f_{20,2}(i) = $ _____

20 张牌在实施了 6 张、5 张、7 张、2 张的拦腰一斩后，第 i 张的位置可表示为 $f_{20,2}(f_{20,7}(f_{20,5}(f_{20,6}(i))))$，则 $f_{20,2}(f_{20,7}(f_{20,5}(f_{20,6}(1)))) = $ _____

2. 拦腰一斩洗牌后牌的模二值。

（1）当 k 是奇数时，若 i 是奇数，其初始位置的模二值 $a = 1$，拦腰一斩后到了最后位置 $b = $ _____，其模二值为 _____；若 i 是偶数，其初始位置的模二值 $a = 0$，拦腰一斩后到了最后位置 $b = $ _____，其模二值为 _____。

所以当 k 是奇数时，经拦腰一斩后每张牌最后位置的模二值 $b = $ _____。

（2）当 k 是偶数时，若 i 是奇数，其初始位置的模二值 $a = 1$，拦腰一斩后到了最后位置 $b = $ _____，其模二值为 _____；若 i 是偶数，其初始位置的模二值 $a = 0$，拦腰一斩后到了最后位置 $b = $ _____，其模二值为 _____。

所以当 k 是偶数时，经拦腰一斩洗牌后每张牌最后位置的模二值 $b = $ _____。

（3）综上，经拦腰一斩洗牌后每张牌最后位置的 $b = $ _____。又因为拦腰一斩不会改变 _____，每张牌的 b 要么 _____、要么 _____，所以拦腰一斩后每张牌的 $a \oplus b \oplus c$ 的模二值有什么规律？

（四）换位置换脑袋洗牌后牌的模二值

换位置换脑袋洗牌只改变前两张牌的状态，第一张牌变成第二张而且翻过来，它的 b 变成 _____，c 变成 _____，此时第二张牌的状态 $a \oplus b \oplus c = $ _____；

第二张牌变成第一张而且翻过来，它的 b 变成，_____ c 变成 _____，此时第一张牌的状态为 $a \oplus b \oplus c = $ _____，所以换位置换脑袋洗牌后每张牌 $a \oplus b \oplus c$ 的值为 _____。

（五）拦腰一斩或换位置换脑袋洗牌后牌的模二值

在拦腰一斩或换位置换脑袋洗牌后，20 张牌在"模二加法"下的结果为 _____。

（六）偶数位置的牌翻过来模二值如何变化？你知道魔术的秘密了吗？

（七）解决问题

请分析完美预言魔术拓展中的数学原理。

（八）反思总结

1. 完成完美预言自我发展评价表 3-2。

表 3-2　完美预言自我发展评价表

一级指标	二级指标	二级指标概述	评价标准（高→低）对应（A→C）	发展等级
问题探究	理解对象	通过观察、交流，对问题进行表征，运用所学知识，理解探究的对象	A：数学观察、讨论，运用所学知识，对问题重新表征，从数学的角度理解问题。 B：能够分析、基本理解问题，直接解决问题。 C：被动接受问题，对问题有疑问，或者不能和已有知识建立联系	
	提出猜想	比较已知与未知，预估方向，提出猜想	A：在已知与未知之间建立联系，根据数学表征，比较准确地预估问题解决的方向，提出猜想。 B：了解已知与未知关系，大概预判解决问题方向，未提出猜想；或者预估错误的方向，提出错误的猜想。 C：对已知和未知关系不清晰，无问题解决方向和研究猜想	
	方案设计	将问题转化为任务，注重逻辑关系及探究形式的选择	A：选择自主探究或者小组合作的探究形式，能够按照逻辑关系设计操作的数学任务并提出具体解决方案。 B：自主探究或者小组合作，能够设计数学任务，但是对各自任务不清晰，解决方案不清晰。 C：按照教师安排进行探究，不清晰数学任务，未能提出解决方案	
	操作实施	选择数学模型实施方案，具体操作包括：运算、推理、实验、数据处理等，并得到结果	A：根据任务和探究方案，能够熟练运用运算、推理、实验等方式，选择合适的数学模型解决问题，得到探究结果。 B：能够运用运算、推理、实验等方式进行探究，建立数学模型但不一定合理，比较困难地得到结果。 C：数学运算、推理、实验等方式运用不够熟练，数学模型应用混乱，未能得到结果	

续表

一级指标	二级指标	二级指标概述	评价标准（高→低）对应（A→C）	发展等级
反思提升	质疑反思	回顾探究过程，表达自己的观点，反思、质疑	A：清晰回归探究过程，反思数学方法和模型的合理性，对他人的探究进行鉴赏、质疑。 B：能够简单梳理探究过程，反思较少，对他人的探究很少质疑。 C：不清晰自己是如何探究的，无反思、无质疑	
小组合作	分工协作	小组分工、分配任务、讨论	A：分工明确，任务分配合理，积极参与讨论。 B：分工不够明确，只有基本的任务分配，参与部分讨论。 C：分工不明确，有成员没有任务，不参与讨论	
小组合作	汇报交流	成果的展示，汇报交流	A：熟练展示汇报探究成果，赏析他人成果，与其他人分享交流。 B：能够讲清楚探究结果，与他人交流较少。 C：对探究结果讲解不清，不与他人交流	

2. 你在学习完美预言魔术中运用到哪些数学知识和能力？请详细列举。

3. 请你用文字进一步描述在完美预言数学魔术过程中的感受。

你的收获：

你的困惑：

你的建议：

第二节 五牌读心

五牌读心是多人魔术，需要两位心有灵犀的魔术师甲和乙与一名学生合作完成。该魔术利用扑克牌的点数与花色建立 52 张牌的排序、结合抽屉原理与同余知识设计，魔术师甲通过编码将暗牌的信息呈现出来，魔术师乙通过解码猜出牌的花色与点数，体现推理与数学知识的应用。

一、魔术流程

1. 请学生随意洗一副 52 张的扑克牌（去除王牌），从中抽取 5 张交给魔术师甲；

2. 甲将 4 张牌朝上（明牌），1 张牌朝下（暗牌）放在桌面上；

3. 魔术师乙参与进来（之前乙不在附近）；他看了看桌面上的牌，思考后就能说出暗牌的花色和点数。

五牌读心魔术流程如图 3-2 所示。

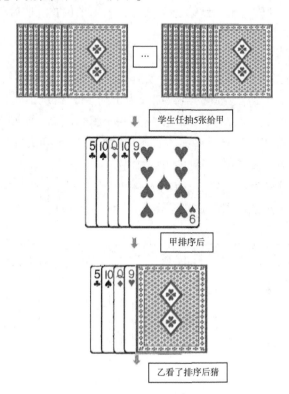

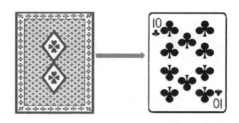

图 3-2 五牌读心流程

二、魔术揭秘

这是惠誉·切尼（Fitch Cheney）在 1950 年发明的一个著名的扑克牌读心术。该魔术是利用抽屉原理、排列和同余理论设计的。

暗牌有花色和点数 2 个信息，甲需要利用 4 张明牌来编码这些信息，乙通过解码信息得到暗牌的花色和点数。

（一）暗牌花色

由抽屉原理知，任取 5 张牌中至少有 2 张是同花色的，所以甲可将同花色的某张牌定为暗牌，并用明牌中某张同花色牌的位置将信息传递给乙。我们约定 5 张牌分别放在第 1 到第 5 个位置，第 1 个位置上明牌的花色就是第 5 个位置上暗牌的花色。

（二）暗牌点数

暗牌点数需要利用第 1 个位置上明牌的点数和其他 3 张明牌的排列确定。

首先，将 A 到 K 扑克牌的点数编号为 1 到 13，按从小到大的顺序排成圆环。如果不考虑顺、逆方向，圆环上任意两个编号间隔一定小于等于 6。

其次，将 52 张牌进行排序。点数不同的牌按由小到大编号排序；点数相同的牌按方块<梅花<红桃<黑桃的方式排序。

52 张牌的顺序为：方块 A<梅花 A<红桃 A<黑桃 A<方块 2<…<方块 K<梅花 K<红桃 K<黑桃 K，如图 3-3 所示。

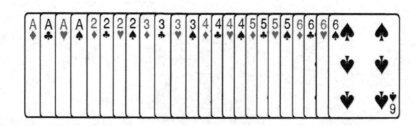

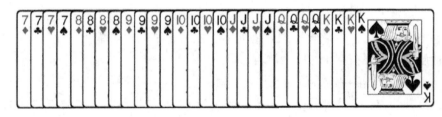

图 3-3　52 张牌的排序

最后，在上述排序下，第 2 到第 4 个位置 3 张明牌的排列共有 6 种，记 l_i 是第 i 个排列，按 $f(l_i) = i$ 对应到 1～6。其中 l_1：小中大，l_2：小大中，l_3：中小大，l_4：中大小，l_5：大小中，l_6：大中小。

设第 1 个位置明牌点数为 x，暗牌点数为 y，当 $y - x \leqslant 6$ 时，$y = x + i$；当 $y - x > 6$ 时，$x = (y + i) \pmod{13}$，即 $y = x + 13 - i$。

（三）表演秘诀

由于牌的点数只能在 1 到 13 之间循环，甲、乙约定暗牌点数等于第 1 张明牌点数与第 2 到第 4 张明牌的排列对应数 i 的和。如果其点数和不超过 13，暗牌点数就是该和；如果超过 13，暗牌点数就是和减 13。

三、魔术拓展

（一）花色的变化位置暗语

上述魔术表演多次后学生很快会发现暗牌花色与第一张相同。为使魔术更具隐蔽性，可将四张明牌点数求和再取 4 的余数，并将余数对应的位置留给花色提供者，其他不变。

（二）增加一张王牌怎么玩

提示：如果抽到的 5 张牌不含王牌，按五牌读心即可。

如果抽到的 5 张牌含王牌，需要分如下三类情况讨论：①有两张同花色牌，将王牌作为暗牌，解码时发现暗牌点数是用于解码明牌的某一张；②其余四张花色各异，此时挑选两张牌，使二者序号差不超过 6，将序号小的放首位，大的作为暗牌。然后按编码规则放好其他三张牌，王牌在所有牌中等级最低或最高。当乙看到王牌是明牌知道抽到的是王牌与 4 张花色各异的牌，所以暗牌是没有出现的花色，暗牌的点数仍然按此前的规则计算。③四张同点数，甲将王牌放首位，然后三张明牌，最后为暗牌。乙知道暗牌与明牌点数相同但花色不同的暗牌。

四、数学素养

以五牌读心魔术为载体，通过观赏魔术、体验魔术、感悟魔术、揭秘魔术、交流魔术和创造魔术的过程，使学生能够用数学的眼光观察魔术，培养抽象与概括能力；用数学思维思考魔术，提升推理与论证能力；用数学语言表达魔术，发展模型化与应用能力。

通过魔术培养数学能力：□归纳总结的能力；☑演绎推理的能力；□准确计算的能力；☑提出问题、分析问题、解决问题的能力；☑抽象的能力；□联想的能力；□学习新知识的能力；☑口头和书面的表达能力；☑创新的能力；□灵活运用数学软件的能力。

通过魔术提升数学素养：☑主动探寻并善于抓住数学问题中的背景和本质；□熟练地用准确、严格、简练的数学语言表达自己的数学思想；☑具有良好的科学态度和创新精神，合理地提出数学猜想、数学概念；☑提出猜想后以数学的理性思维，从多角度探寻解决问题的道路；☑善于对现实世界中的现象和过程进行合理的简化和量化，建立数学模型。

五、思考

1. 设计五牌读心魔术的对话情景，并表演一次。
2. 设计一个四牌读心魔术，需要几种花色的牌，每种花色各几张？

六、实践

（一）魔术再现

1. 表演三次该魔术，请做好记录。
2. 暗牌的花色与哪张明牌的花色相同？
3. 甲是根据什么让乙猜出花色的？

（二）52 张牌的排序

将 A 到 K 扑克牌的点数编号为 1 到 13，按从小到大的顺序排成圆环。如果不考虑顺、逆方向，圆环上任意两个编号间隔一定_____。

将 52 张牌进行排序。点数不同的牌按编号由小到大排序；点数相同的牌按方块 < 梅花 < 红桃 < 黑桃的方式排序。

写出 52 张牌由小到大的排序为：_____

_____

_____

_____

_____。

红桃 10 排在第_____，黑桃 10 排在第_____。

在上述排序下，第 2 到第 4 个位置 3 张明牌的排列共有_____种。

若这三张牌分别称为小、中、大，记 l_i 为第 i 个排列，规定：l_1 为小中大，l_2 为小大中，l_3 为中小大，l_4 为中大小，l_5 为大小中，l_6 为大中小，则有 $f(l_i)=i$。

所以中间 3 张牌可以表示的点数为 1~6。

（三）确定暗牌点数

因为暗牌与第一张是同花色牌，所以暗牌点数由第一张明牌点数与中间三张牌的排列数（1~6）确定。甲乙可约定暗牌点数是第一张明牌点数与中间三张明牌对应的排列数之和在模 13（mod13）下的余数。

如果五张牌只有两张梅花，分别是梅花 5，梅花 Q，其余三张花色互异，可以将梅花 Q 放在第一张，梅花 5 为暗牌，中间三张明牌按大中小排列对应 6，那么暗牌点数为 12+6=18，在模 13（mod13）下的余数 5。

（四）解决问题

请分析五牌读心魔术拓展中的数学原理。

（五）反思总结

1. 完成五牌读心自我发展评价表 3-3。

表 3-3　五牌读心自我发展评价表

一级指标	二级指标	二级指标概述	评价标准（高→低）对应（A→C）	发展等级
问题探究	理解对象	通过观察、交流，对问题进行表征，运用所学知识，理解探究的对象	A：数学观察、讨论，运用所学知识，对问题重新表征，从数学的角度理解问题。 B：能够分析、基本理解问题，直接解决问题。 C：被动接受问题，对问题有疑问，或者不能和已有知识建立联系	
	提出猜想	比较已知与未知，预估方向，提出猜想	A：在已知与未知之间建立联系，根据数学表征，比较准确地预估问题解决的方向，提出猜想。 B：了解已知与未知关系，大概预判解决问题方向，未提出猜想；或者预估错误的方向，提出错误的猜想。 C：对已知和未知关系不清晰，无问题解决方向和研究猜想	

续表

一级指标	二级指标	二级指标概述	评价标准（高→低）对应（A→C）	发展等级
问题探究	方案设计	将问题转化为任务，注重逻辑关系及探究形式的选择	A：选择自主探究或者小组合作的探究形式，能够按照逻辑关系设计操作的数学任务并提出具体解决方案。 B：自主探究或者小组合作，能够设计数学任务，但是对各自任务不清晰，解决方案不清晰。 C：按照教师安排进行探究，不清晰数学任务，未能提出解决方案	
	操作实施	选择数学模型实施方案，具体操作包括：运算、推理、实验、数据处理等，并得到结果	A：根据任务和探究方案，能够熟练运用运算、推理、实验等方式，选择合适的数学模型解决问题，得到探究结果。 B：能够运用运算、推理、实验等方式进行探究，建立数学模型但不一定合理，比较困难地得到结果。 C：数学运算、推理、实验等方式运用不够熟练，数学模型应用混乱，未能得到结果	
反思提升	质疑反思	回顾探究过程，表达自己的观点，反思、质疑	A：清晰回归探究过程，反思数学方法和模型的合理性，对他人的探究进行鉴赏、质疑。 B：能够简单梳理探究过程，反思较少，对他人的探究很少质疑。 C：不清晰自己是如何探究的，无反思、无质疑	
小组合作	分工协作	小组分工、分配任务、讨论	A：分工明确，任务分配合理，积极参与讨论。 B：分工不够明确，只有基本的任务分配，参与部分讨论。 C：分工不明确，有成员没有任务，不参与讨论	
	汇报交流	成果的展示，汇报交流	A：熟练展示汇报探究成果，赏析他人成果，与其他人分享交流。 B：能够讲清楚探究结果，与他人交流较少。 C：对探究结果讲解不清，不与他人交流	

2. 你在学习五牌读心魔术中运用到哪些数学知识和能力？请详细列举。

3. 请你用文字进一步描述在五牌读心魔术过程中的感受。
你的收获：

你的困惑：

你的建议：

第三节　完美对应

完美对应是利用部分牌反转与弹洗相结合的魔术。该魔术根据吉尔布雷斯原理设计，体现随机变化中的确定对应关系。牌面朝下按红黑交替排列的一叠偶数张牌，请魔术师将顶部的部分牌反转形成一叠，剩余部分为另一叠，将两叠牌弹洗成一叠。按左一张、右一张方式发成两叠，任选一叠就可以知道另一叠每张牌的颜色。

一、魔术流程

1. 魔术师拿一副牌（偶数张），请学生从顶部开始数出 k 张，第二张放在第一张上面，第三张放在第二张上面，依此，这 k 张形成一叠，剩余 $(n-k)$ 张为另一叠；

2. 请学生将两叠弹洗后，按左一张，右一张方式分成两叠，学生选一叠藏好；

3. 魔术师拿起余下的一叠，依次说出学生手中每张牌的颜色。

该魔术全流程如图 3-4 所示。

二、魔术揭秘

该魔术是数学家、著名魔术师吉尔布雷斯（Gilbreath）于 20 世纪 50 年代创作的，表演用了红、黑交替出现的偶数张牌。

（一）吉尔布雷斯洗牌

吉尔布雷斯洗牌：一副 n 张的牌，将最上面的 k 张正面朝下依次发到桌上，后一张放在前一张上面形成一叠（牌序与原来相反），然后这 k 张与剩下的 $(n-k)$ 张弹洗成一叠。

一堆 n 张的牌经吉尔布雷斯洗牌后共有 2^{n-1} 个排列。n 张不同牌放到 n 个不同的位置有 $n!$ 个排列，但经吉尔布雷斯洗牌后排列数会大幅减少。我们将 k 张、$(n-k)$ 张的两叠记为左叠、右叠。洗牌后第 1 个位置的牌只能是左、右

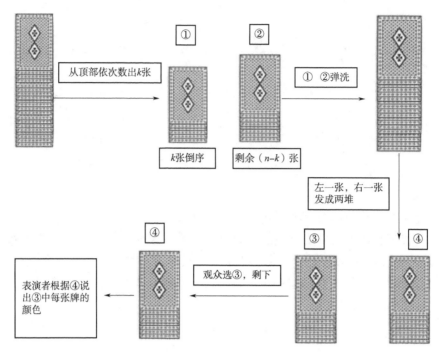

图 3-4　完美对应魔术全流程

叠顶部中的一张，有 2 种选法，第 2 个位置的牌只能是第 1 个位置确定后剩下两叠顶部中的一张，有 2 种选法，如此，直到第 $(n-1)$ 个位置的牌都有 2 种选法，第 n 个位置的牌只有 1 种选法，由乘法原理共有 2^{n-1} 个排列。

　　例如，从上到下编号为 1~4 的牌经吉尔布雷斯洗牌后有 8 种排列，如表 3-4 所示。

表 3-4　4 张牌的吉尔布雷斯洗牌后的 8 种排列

第一种	第二种	第三种	第四种	第五种	第六种	第七种	第八种
1	2	2	2	3	3	3	4
2	1	3	3	2	2	4	3
3	3	1	4	1	4	2	2
4	4	4	1	4	1	1	1

　　例如，$n = 10$，$k = 4$，则洗牌后，一种结果如表 3-5 所示。

表 3-5　$n = 10$，$k = 4$ 的吉尔布雷斯洗牌后的一种结果

洗牌前排序	1	2	3	4	5	6	7	8	9	10
洗牌后排序	4	5	6	3	7	2	8	9	1	10

（二）吉尔布雷斯原理

吉尔布雷斯原理：红、黑交替排列的 $2n$ 张牌，经吉尔布雷斯洗牌，从上到下每一对都是红、黑花色各一张。

用 0 代表红色，1 代表黑色，以红、黑花色交替排列的 $2n$ 张牌数出 k 张有两种情况。

如果 k 为奇数，则原始的一对（第 k 与 $(k+1)$ 张）排序被分开；如果 k 为偶数，则原始的一对（第 k 与 $(k-1)$ 张）排序没有被分开。

例如，$k=5$，4 的情况如表 3-6 所示。

表 3-6　$2n$ 张牌数出 k 张的两种情况示例

2n 张牌	k = 5		k = 4	
	左叠 5 张	右叠（2n−5）张	左叠 4 张	右叠（2n−4）张
0				
1				
0				
1				
0				0
1		1		1
0		0		0
...	0	...		...
0	1	0	1	0
1	0	1	0	1
0	1	0	1	0
1	0	1	0	1

左叠 k 张牌的排列次序发生反转，右叠 $(2n-k)$ 张牌排列次序不变。弹洗后，底部的两张或者是某叠牌的底部两张，或者是两叠牌各出一张，不管哪种方式，这两张牌一定是一红一黑。此时，左右两叠剩余牌仍是红、黑交替排列，同理，底部往上数的第 3、4 张牌也是一红一黑，直到顶部两张牌也如此。

吉尔布雷斯原理的推广：如果 52 张牌分别按每 4 张是黑桃、红桃、方块、梅花排列，每 13 张是 A、2、3、4、5、6、7、8、9、10、J、Q、K 排列，那么经吉尔布雷斯洗牌后每 4 张一定是四种花色各一张，每 13 张一定是 A 到 K 各一张。

关于吉尔布雷斯洗牌有以下的结论[①]:

定理 对于 $\{1, 2, 3, \cdots, n\}$ 的排列 π,以下四个等价命题:

命题①:π 是吉尔布雷斯排列。

命题②:任意 k,顶部 k 张牌 $\{\pi(1), \pi(2), \pi(3), \cdots, \pi(k)\}$ 不同余模 k。

命题③:对于 $kj \leqslant n$ 的每个 j 和 k,k 张牌 $\{\pi((j-1)k+1), \pi((j-1)k+2), \cdots, \pi(kj)\}$ 不同余模 k。

命题④:对于每个 k,顶部 k 张牌是 $1, 2, 3, \cdots, n$ 中连续的 k 张。

初始按 $1, 2, 3, \cdots, n$ 排序的牌用 π 表示,$\pi(n)$ 是位置 n 上的牌。

例如,如果 5 张牌新排序为 3,5,1,2,4,那么 $\pi(1) = 3$,$\pi(2) = 5\pi(3) = 1$,$\pi(4) = 2$,$\pi(5) = 4$。

例如,对于一副 10 张的牌,我们可以将 4 张牌(一张接一张)分到桌上的一小堆牌中,然后快速洗牌,得到下面的排列 π:4,5,6,3,7,2,8,9,1,10。

π 是吉尔布雷斯置换,根据定义它满足命题①,考虑命题②。对于 k 的每一个选择,最上面的 k 张牌不同余模 k。当 $k = 2$ 时,最上面的两张牌 4 和 5 不同余模 2。当 $k = 3$ 时,前 3 张牌 4、5 和 6 不同余模 3。对于吉尔布雷斯洗牌适用于从 k 到 n 的所有情况。

命题③是我们对原始通用吉尔布雷斯原理的提炼。例如,如果 $k = 2$,它表示在任何吉尔布雷斯洗牌后,每对连续的牌都包含一个偶数和一个奇数。如果在最初的排列中偶数牌是红色,奇数牌是黑色,我们就有了吉尔布雷斯原理。小的改进是我们不需要假设 n 可以被 k 整除;如果 $j \leqslant k$,并且在这些牌之前的牌的数量是 k 的倍数,最后的 j 张牌在除以 k 时仍然有不同的余数。

命题④需要一些解释。考虑我们的吉尔布雷斯排列 π:4,5,6,3,7,2,8,9,1,10。前四张牌(这里是 4 5 6 3)在原始牌中是连续的。(它们顺序不同,但四数组一开始是连续的)。类似地,对于任何 k,顶部 k 张牌在任何 k 的原始牌中是连续的。

(三)完美对应揭秘

完美对应用了 20 张红、黑花色交替排列的扑克牌,经吉尔布雷斯洗牌后从上到下每一对都是红、黑各一张,按左一张、右一张分成两叠牌。这两叠牌对应位置颜色互异,由一叠牌的信息就可以猜出另一叠每张牌的颜色。

---

① 迪亚科尼斯,葛立恒. 魔法数学:大魔术的数学灵魂 [M]. 汪晓勤,黄友初,译. 上海:上海科技教育出版社,2021.

三、魔术拓展

(一) 一一对应

1. 一副 16 张的牌，牌面朝下，请学生切出一部分放在桌上；

2. 将两叠牌弹洗在一起；

3. 从顶部开始，每两张牌都是一红一黑。

(二) 13 猜 1

1. 魔术师拿出一副 52 张扑克牌，牌面朝下。请学生进行吉尔布雷斯洗牌，从顶部取出 13 张，从左到右正面朝下放在桌上；

2. 请学生将 13 张牌依次翻开，然后盖住其中一张牌；

3. 魔术师看了下牌，就能说出盖住牌的花色与点数。

四、数学素养

以完美对应魔术为载体，通过观赏魔术、体验魔术、感悟魔术、揭秘魔术、交流魔术和创造魔术的过程，使学生能够用数学的眼光观察魔术，培养抽象与概括能力；用数学思维思考魔术，提升推理与论证能力；用数学语言表达魔术，发展模型化与应用能力。

通过魔术培养数学能力：☑归纳总结的能力；☑演绎推理的能力；□准确计算的能力；☑提出问题、分析问题、解决问题的能力；☑抽象的能力；☑联想的能力；□学习新知识的能力；☑口头和书面的表达能力；☑创新的能力；□灵活运用数学软件的能力。

通过魔术提升数学素养：☑主动探寻并善于抓住数学问题中的背景和本质；☑熟练地用准确、严格、简练的数学语言表达自己的数学思想；☑具有良好的科学态度和创新精神，合理地提出数学猜想、数学概念；☑提出猜想并以数学的理性思维，从多角度探寻解决问题的道路；□善于对现实世界中的现象和过程进行合理的简化和量化，建立数学模型。

五、思考

1. 设计一份完美对应魔术的学习单。

2. 如果数字卡片的排列如下：12345123451234512345，进行吉尔布雷斯洗牌后，你有何发现？

六、实践

（一）吉尔布雷斯洗牌操作

从上到下 1，2，3，4 排列的牌，经吉尔布雷斯洗牌后记录所有可能的排列。

$n = 10$，$k = 4$，则吉尔布雷斯洗牌后，一种可能的结果为_____。

（二）发现吉尔布雷斯洗牌的规律

用 0 代表红牌，1 代表黑牌。

红、黑交替排列的 n 张牌，数出 k 张形成两叠，再弹洗成一叠。

1. 若 n 为奇数。如果 k 为奇数，则从上到下每两张牌的颜色可能是_____；如果 k 为偶数，则从上到下每两张牌的颜色可能是_____。

2. 若 n 为偶数。如果 k 为奇数，则从上到下每两张牌的颜色是_____；如果 k 为偶数，则从上到下每两张牌的颜色是_____。

如果红、黑交替排列的 $2n$ 张牌，经吉尔布雷斯洗牌，那么从上到下每一对都是红、黑各一张。

如果 52 张牌分别按每 4 张是黑桃、红桃、方块、梅花排列，那么经吉尔布雷斯洗牌后，从顶部开始连续的 4 张牌有什么规律？

如果 52 张牌分别按每 4 张是黑桃、红桃、方块、梅花排列，每 13 张牌是 A、2、3、4、5、6、7、8、9、10、J、Q、K 排列，那么经吉尔布雷斯洗牌后有什么规律？

（三）解决问题

请分析完美对应魔术拓展中的数学原理。

（四）反思总结

1. 完成完美对应自我发展评价表 3-7。

表 3-7　完美对应自我发展评价表

一级指标	二级指标	二级指标概述	评价标准（高→低）对应（A→C）	发展等级
问题探究	理解对象	通过观察、交流，对问题进行表征，运用所学知识，理解探究的对象	A：数学观察、讨论，运用所学知识，对问题重新表征，从数学的角度理解问题。 B：能够分析、基本理解问题，直接解决问题。 C：被动接受问题，对问题有疑问，或者不能和已有知识建立联系	

续表

一级指标	二级指标	二级指标概述	评价标准（高→低）对应（A→C）	发展等级
问题探究	提出猜想	比较已知与未知，预估方向，提出猜想	A：在已知与未知之间建立联系，根据数学表征，比较准确地预估问题解决的方向，提出猜想。 B：了解已知与未知关系，大概预判解决问题方向，未提出猜想；或者预估错误的方向，提出错误的猜想。 C：对已知和未知关系不清晰，无问题解决方向和研究猜想	
	方案设计	将问题转化为任务，注重逻辑关系及探究形式的选择	A：选择自主探究或者小组合作的探究形式，能够按照逻辑关系设计操作的数学任务并提出具体解决方案。 B：自主探究或者小组合作，能够设计数学任务，但是对各自任务不清晰，解决方案不清晰。 C：按照教师安排进行探究，不清晰数学任务，未能提出解决方案	
	操作实施	选择数学模型实施方案，具体操作包括：运算、推理、实验、数据处理等，并得到结果	A：根据任务和探究方案，能够熟练运用运算、推理、实验等方式，选择合适的数学模型解决问题，得到探究结果。 B：能够运用运算、推理、实验等方式进行探究，建立数学模型但不一定合理，比较困难地得到结果。 C：数学运算、推理、实验等方式运用不够熟练，数学模型应用混乱，未能得到结果	
反思提升	质疑反思	回顾探究过程，表达自己的观点，反思、质疑	A：清晰回归探究过程，反思数学方法和模型的合理性，对他人的探究进行鉴赏、质疑。 B：能够简单梳理探究过程，反思较少，对他人的探究很少质疑。 C：不清晰自己是如何探究的，无反思、无质疑	
小组合作	分工协作	小组分工、分配任务、讨论	A：分工明确，任务分配合理，积极参与讨论。 B：分工不够明确，只有基本的任务分配，参与部分讨论。 C：分工不明确，有成员没有任务，不参与讨论	
	汇报交流	成果的展示，汇报交流	A：熟练展示汇报探究成果，赏析他人成果，与其他人分享交流。 B：能够讲清楚探究结果，与他人交流较少。 C：对探究结果讲解不清，不与他人交流	

2. 你在学习完美对应魔术中运用到哪些数学知识和能力？请详细列举。

3. 请你用文字进一步描述完美对应数学魔术过程中的感受。

你的收获：

你的困惑：

你的建议：

第四节　周而复始

周而复始是通过构造扑克牌的花色与点数的二重循环及拦腰一斩洗牌技巧设计的魔术。一副 52 张的扑克牌（不含王牌），牌的花色按梅花、红桃、黑桃、方块循环排序，点数在模 13（mod13）下构成公差为 3 的等差数列。从任意一张牌开始连续的 4 张牌花色构成周期为 4 的循环，连续 13 张的点数构成周期为 13 的循环，第 n 张牌与第（$n + 12$）张牌点数相同。结合拦腰一斩洗牌操作与上述排序设计周而复始魔术。假如你进行了拦腰一斩洗牌后取走顶部或底部的那张牌，请你从剩余牌叠中从上往下依次取出第 10、16 与 26 张给魔术师，魔术师就能知道你取的那张牌的花色与点数。该魔术利用扑克牌的花色与点数的双重循环设计，好玩有趣。

一、魔术流程

1. 请学生对一副 52 张的扑克牌（不含王牌，牌面朝下），进行拦腰一斩洗牌；

2. 请学生拿走最上面或最下面的牌；

3. 魔术师拿着剩下的牌，从顶部开始取出第 10 张、16 张与 26 张就能确定拿走的那张牌的花色与点数。

魔术流程如图 3-5 所示。

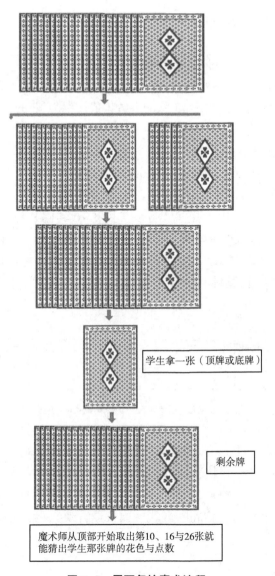

学生拿一张（顶牌或底牌）

剩余牌

魔术师从顶部开始取出第10、16与26张就
能猜出学生那张牌的花色与点数

图 3-5　周而复始魔术流程

二、魔术揭秘

该魔术利用 Si Stebbins Stack 序列将 52 张牌依花色与点数两重循环设计而成。花色按梅花、红桃、黑桃、方块循环排序，点数是公差为 3 的等差数列，当点数大于 13 时，取模 13 的余数为点数。

（一）Si Stebbins Stack *序列*

Si Stebbins Stack *序列*是指这样的扑克牌序列：花色都按照梅花、红桃、

黑桃、方块的顺序排列，点数成等差数列，当超过 13 时，取减去 13 以后的结果。

（二）Si Stebbins Stack 序列的性质

将 Si Stebbins Stack 序列看成是环形排列，从任意一张开始连续的 4 张花色构成周期为 4 的循环，连续 13 张的点数构成周期为 13 的循环，第 n 张与第 $(n + 12)$ 张牌点数相同。

（三）魔术揭秘

52 张牌从上到下的 Si Stebbins Stack 序列如下：

梅花 A 红桃 4 黑桃 7 方块 10 梅花 K 红桃 3 黑桃 6 方块 9 梅花 Q 红桃 2 黑桃 5 方块 8 梅花 J 红桃 A 黑桃 4 方块 7 梅花 10 红桃 K 黑桃 3 方块 6 梅花 9 红桃 Q 黑桃 2 方块 5 梅花 8 红桃 J 黑桃 A 方块 4 梅花 7 红桃 10 黑桃 K 方块 3 梅花 6 红桃 9 黑桃 Q 方块 2 梅花 5 红桃 8 黑桃 J 方块 A 梅花 4 红桃 7 黑桃 10 方块 K 梅花 3 红桃 6 黑桃 9 方块 Q 梅花 2 红桃 5 黑桃 8 方块 J，如图 3-6 所示。

图 3-6 52 张牌的 Si Stebbins Stack 序列

由于花色周期为 4，点数周期为 13，$(4, 13) = 1$，$[4, 13] = 52$，所以上述 Si Stebbins Stack 序列刚好用到 52 张牌。

从剩余牌顶端数出的第 10 张与学生取走牌的颜色相同（红或黑）；第 16 张与取走牌的花色相同（梅花、红桃、黑桃或方块）；第 26 张与取走牌的点数相同。

三、魔术拓展

（一）神秘的 7

1. 请学生任选两个小于 7 的整数填入 4 × 4 网格的前 2 格，从左到右从上到下，后一格填入前两格的和除以 7 的余数，直到所有空格都填满；

2. 请他求出 16 格中的数字和；

3. 网格纸的背面正好写着这个和。

（二）结尾配对

1. 偶数张牌面朝下的扑克牌，请学生反复切牌，取一大半牌递给魔术师，魔术师对手中的牌进行挤奶洗牌（用手指从顶部与底部各挤出一张牌，放在桌面上，接着再从顶部与底部各挤出一张牌放在之前挤出的牌的上面，按这样最后形成一叠牌）；

2. 将学生的小半叠牌和桌上的大半叠牌同时一张张翻开；

3. 最后一对牌的点数相同。

（三）透视扑克牌

1. 请学生对一副 52 张的扑克牌（不含王牌，牌面朝下）进行拦腰一斩洗牌；

2. 请学生拿走最上面的牌；

3. 魔术师能确定那张牌的花色与点数。

（四）一年四季

1. 请学生从一副 52 张的扑克牌（不含王牌，牌面朝下）中切出一部分，并将切出的牌整体翻过来，对这两叠进行弹洗；

2. 魔术师从顶部每次取两张往东、南、西、北四个方位各发一手。然后每次取四张往四个方位各发一手；接着在四个方位中间发两张；最后剩余的牌从顶部开始依次数出 13 张给学生；

3. 第一次发的每两张都是一红一黑，第二次发的每四张都是黑桃、红桃、梅花与方块各一张，最后学生手中与魔术师手中的 13 张按点数排列成一一对应，每叠有四种花色，红黑张数也对应。

四、数学素养

以周而复始魔术为载体，通过观赏魔术、体验魔术、感悟魔术、揭秘魔术、交流魔术和创造魔术的过程，使学生能够用数学的眼光观察魔术，培养抽象与概括能力；用数学思维思考魔术，提升推理与论证能力；用数学语言表达魔术，发展模型化与应用能力。

通过魔术培养数学能力：□归纳总结的能力；☑演绎推理的能力；□准确计算的能力；☑提出问题、分析问题、解决问题的能力；☑抽象的能力；□联想的能力；□学习新知识的能力；☑口头和书面的表达能力；☑创新的能力；□灵活运用数学软件的能力。

通过魔术提升数学素养：☑主动探寻并善于抓住数学问题中的背景和本质；☑熟练地用准确、严格、简练的数学语言表达自己的数学思想；☑具有良好的科学态度和创新精神，合理地提出数学猜想、数学概念；□提出猜想并以"数学方式"的理性思维，从多角度探寻解决问题的道路；☑善于对现实世界中的现象和过程进行合理的简化和量化，建立数学模型。

五、思考

1. 52 张牌构成的 Si Stebbins Stack 序列，其公差可取哪些值？

2. 如果花色周期为 3，点数公差为 4，设计一个 Si Stebbins Stack 序列需要几张牌？

六、实践

（一）了解 Si Stebbins Stack 序列

Si Stebbins Stack 是指这样的扑克牌序列：花色都按照梅花、红桃、黑桃、方块的顺序排列，点数成等差数列（当点数超过 13 时，取减去 13 以后的结果）。

请用 52 张牌（王牌除外）设计一个公差为 2 的 Si Stebbins Stack 序列。

观察你设计的 Si Stebbins Stack 序列有什么发现？

（二）Si Stebbins Stack 序列的规律

考虑图 3-6 的 Si Stebbins Stack 序列，如果将该序列看成是环形排列（首尾相接）。

两张花色相同的牌相差几张牌？花色构成的规律是？

两张点数相同的牌相差几张牌？点数构成的规律是？

（三）解决问题

请分析周而复始魔术拓展中的数学原理。

（四）反思总结

1. 完成周而复始自我发展评价表 3-8。

表 3-8　周而复始自我发展评价表

一级指标	二级指标	二级指标概述	评价标准（高→低）对应（A→C）	发展等级
问题探究	理解对象	通过观察、交流，对问题进行表征，运用所学知识，理解探究的对象	A：数学观察、讨论，运用所学知识，对问题重新表征，从数学的角度理解问题。 B：能够分析、基本理解问题，直接解决问题。 C：被动接受问题，对问题有疑问，或者不能和已有知识建立联系	

一级指标	二级指标	二级指标概述	评价标准（高→低）对应（A→C）	发展等级
问题探究	提出猜想	比较已知与未知，预估方向，提出猜想	A：在已知与未知之间建立联系，根据数学表征，比较准确地预估问题解决的方向，提出猜想。 B：了解已知与未知关系，大概预判解决问题方向，未提出猜想；或者预估错误的方向，提出错误的猜想。 C：对已知和未知关系不清晰，无问题解决方向和研究猜想	
	方案设计	将问题转化为任务，注重逻辑关系及探究形式的选择	A：选择自主探究或者小组合作的探究形式，能够按照逻辑关系设计操作的数学任务并提出具体解决方案。 B：自主探究或者小组合作，能够设计数学任务，但是对各自任务不清晰，解决方案不清晰。 C：按照教师安排进行探究，不清晰数学任务，未能提出解决方案	
	操作实施	选择数学模型实施方案，具体操作包括：运算、推理、实验、数据处理等，并得到结果	A：根据任务和探究方案，能够熟练运用运算、推理、实验等方式，选择合适的数学模型解决问题，得到探究结果。 B：能够运用运算、推理、实验等方式进行探究，建立数学模型但不一定合理，比较困难地得到结果。 C：数学运算、推理、实验等方式运用不够熟练，数学模型应用混乱，未能得到结果	
反思提升	质疑反思	回顾探究过程，表达自己的观点，反思、质疑	A：清晰回归探究过程，反思数学方法和模型的合理性，对他人的探究进行鉴赏、质疑。 B：能够简单梳理探究过程，反思较少，对他人的探究很少质疑。 C：不清晰自己是如何探究的，无反思、无质疑	
小组合作	分工协作	小组分工、分配任务、讨论	A：分工明确，任务分配合理，积极参与讨论。 B：分工不够明确，只有基本的任务分配，参与部分讨论。 C：分工不明确，有成员没有任务，不参与讨论	
	汇报交流	成果的展示，汇报交流	A：熟练展示汇报探究成果，赏析他人成果，与其他人分享交流。 B：能够讲清楚探究结果，与他人交流较少。 C：对探究结果讲解不清，不与他人交流	

2. 你在学习周而复始魔术中运用到哪些数学知识和能力？请详细列举。

3. 请你用文字进一步描述在周而复始数学魔术过程中的感受。

你的收获：

你的困惑：

你的建议：

第五节　排列探因

排列探因是一个多人魔术，需要一位魔术师与五名学生合作完成。魔术的原理是德布鲁因序列，将 32 张牌通过编码、解码、推理相结合就能知道每张牌的花色与点数，体现了对应思维。魔术师拿出一副 32 张排好顺序的扑克牌，请 5 位学生每人进行一次拦腰一斩洗牌，从牌叠顶部开始依次请学生拿走一张牌，拿到红牌的学生起立。魔术师看了看，准确说出 5 人手中牌的花色与点数，真酷！

一、魔术流程

1. 5 位学生坐成一列，请他们每人进行一次拦腰一斩洗牌；
2. 从牌堆顶部开始依次请 5 位学生各拿一张，不让魔术师看见；
3. 请拿到红牌的学生起立；
4. 魔术师一一说出 5 人手中牌的花色与点数。
该魔术流程如图 3-7 所示。

二、魔术揭秘

该魔术是利用德布鲁因序列设计的。

（一）牌的张数等于学生站、坐的排列数

魔术表演用了 32 张牌。由于每位学生只有站或坐 2 种状态，用 1 表示站着，0 表示坐着，5 位学生站、坐的排列有 $2^5 = 32$ 种，与用到的牌数一致。

（二）德布鲁因序列

德布鲁因序列：将 2^k 个 0、1 数码排成圆环，从任一位置开始，使连续 k 个数码的不同排列有 2^k 个，称为长度为 k 的德布鲁因序列。

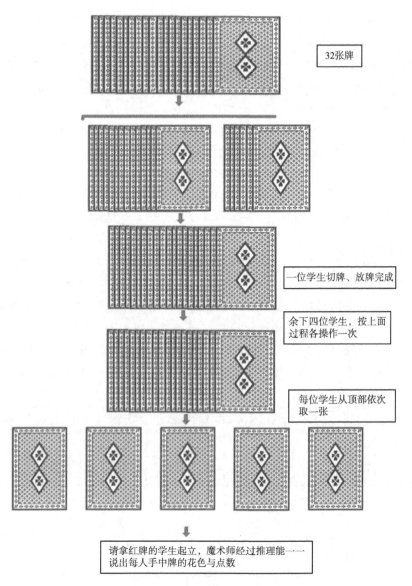

32张牌

一位学生切牌、放牌完成

余下四位学生，按上面
过程各操作一次

每位学生从顶部依次
取一张

请拿红牌的学生起立，魔术师经过推理能一一
说出每人手中牌的花色与点数

图 3-7 排列探因魔术流程

例如，11100010 排成圆环是长度为 3 的德布鲁因序列，该序列由连续 3 个数码组成的不同排列有 $2^3 = 8$ 个，分别是 111，110，100，000，001，010，101，011。

该魔术通过构造 2^5 个 0、1 数码组成长为 5 的德布鲁因序列，序列中连续 5 个数码组成的不同排列有 32 个，每个排列与学生站、坐的排列一一对应。

容易验证 0000010010110011111000110111010 1 排成的圆环是满足要求的

一个德布鲁因序列，对应的不同排列有 $2^5 = 32$ 个，分别是 00000，00001，00010，00100，01001，10010，00101，01011，10110，01100，11001，10011，00111，01111，11111，11110，11100，11000，10001，00011，00110，01101，11011，10111，01110，11101，11010，10101，01010，10100，01000，10000。

构造长为 5 的德布鲁因序列方法如下：

第一步，先写 00000，在末尾添加 1，得 000001；

第二步，从 000001 的第二位开始的 5 位编码为 00001，将该编码的第一位与第三位的和在模 2（mod2）后的值添加到末尾得新编码为 0000010，依此，直到序列长度到 32 为止。

（三）编码与解码

取 A 到 8 的 32 张牌排成圆环，使连续的 5 张排列与上述长为 5 的德布鲁因序列的排列一一对应。

32 张牌的排列如下：梅花 8，梅花 A，梅花 2，梅花 4，黑桃 A，方块 2，梅花 5，黑桃 3，方块 6，黑桃 4，红桃 A，方块 3，梅花 7，黑桃 7，红桃 7，红桃 6，红桃 4，红桃 8，方块 A，梅花 3，梅花 6，黑桃 5，红桃 3，方块 7，黑桃 6，红桃 5，红桃 2，方块 5，黑桃 2，方块 4，黑桃 8，方块 8，如图 3-8 所示。

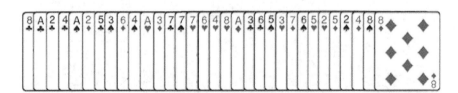

图 3-8 32 张牌排序

每张牌与一个五位 0、1 编码对应，如表 3-9 所示。

表 3-9 每张牌的编码

编码	牌
00000	梅花 8
00001	梅花 A
00010	梅花 2
00100	梅花 4
01001	黑桃 A
10010	方块 2

续表

编码	牌
00101	梅花 5
01011	黑桃 3
10110	方块 6
01100	黑桃 4
11001	红桃 A
10011	方块 3
00111	梅花 7
01111	黑桃 7
11111	红桃 7
11110	红桃 6
11100	红桃 4
11000	红桃 8
10001	方块 A
00011	梅花 3
00110	梅花 6
01101	黑桃 5
11011	红桃 3
10111	方块 7
01110	黑桃 6
11101	红桃 5
11010	红桃 2
10101	方块 5
01010	黑桃 2
10100	方块 4
01000	黑桃 8
10000	方块 8

每张牌的编码规律如图 3-9 所示。

图 3-9　编码规律

编码第一位代表牌的颜色，第二位代表花色，后三位组成的二进制数代表牌的点数。

举例如图 3-10 所示。

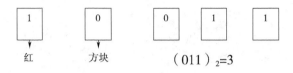

图 3-10　编码示例

所以 10011→方块 3。〔规定（000）$_2$ = 0→8〕

学生的 5 张牌与表中某个编码开始的连续 5 张一一对应。将学生的 5 张牌用其对应的站、坐排列编码表示。

例如，如果学生的 5 张牌为梅花 3、梅花 6、黑桃 5、红桃 3、方块 7，其对应的站、坐排列为 00011。那么牌的对应编码为从 00011 开始的 5 个连续编码 00011、00110、01101、11011、10111，分别对应梅花 3、梅花 6、黑桃 5、红桃 3、方块 7。

按上述整理编码如下：前八行包含以 00 开头，接下来的八行以 01 开头，接着八行以 10 开头，最后八行以 11 开头。每组八个的上半部分以 000，001，010，011 结尾，下半部分以 100，101，110，111 结尾。

00 开头如下，对应排序如图 3-11 所示。

00000——梅花 8 梅花 A 梅花 2 梅花 4 黑桃 A

00001——梅花 A 梅花 2 梅花 4 黑桃 A 方块 2

00010——梅花 2 梅花 4 黑桃 A 方块 2 梅花 5

00011——梅花 3 梅花 6 黑桃 5 红桃 3 方块 7

00100——梅花 4 黑桃 A 方块 2 梅花 5 黑桃 3

00101——梅花 5 黑桃 3 方块 6 黑桃 4 红桃 A

00110——梅花 6 黑桃 5 红桃 3 方块 7 黑桃 6

00111——梅花 7 黑桃 7 红桃 7 红桃 6 红桃 4

01 开头的牌如下，其对应排序如图 3-12 所示。

01000——黑桃 8 方块 8 梅花 8 梅花 A 梅花 2

01001——黑桃 A 方块 2 梅花 5 黑桃 3 方块 6

01010——黑桃 2 方块 4 黑桃 8 方块 8 梅花 8

01011——黑桃 3 方块 6 黑桃 4 红桃 A 方块 3

01100——黑桃 4 红桃 A 方块 3 梅花 7 黑桃 7

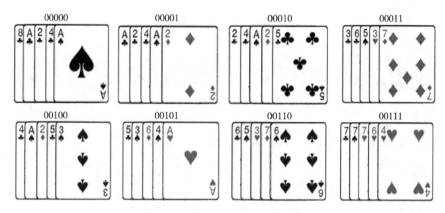

图 3-11　00 开头对应排序的牌

01101——黑桃 5 红桃 3 方块 7 黑桃 6 红桃 5

01110——黑桃 6 红桃 5 红桃 2 方块 5 黑桃 2

01111——黑桃 7 红桃 7 红桃 6 红桃 4 红桃 8

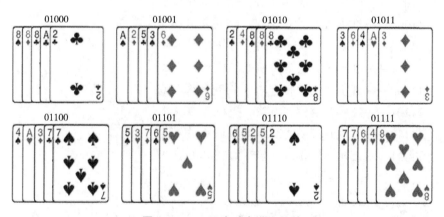

图 3-12　01 开头对应排序的牌

10 开头的牌如下，其对应排序如图 3-13 所示。

10000——方块 8 梅花 8 梅花 A 梅花 2 梅花 4

10001——方块 A 梅花 3 梅花 6 黑桃 5 红桃 3

10010——方块 2 梅花 5 黑桃 3 方块 6 黑桃 4

10011——方块 3 梅花 7 黑桃 7 红桃 7 红桃 6

10100——方块 4 黑桃 8 方块 8 梅花 8 梅花 A

10101——方块 5 黑桃 2 方块 4 黑桃 8 方块 8

10110——方块 6 黑桃 4 红桃 A 方块 3 梅花 7

10111——方块 7 黑桃 6 红桃 5 红桃 2 方块 5

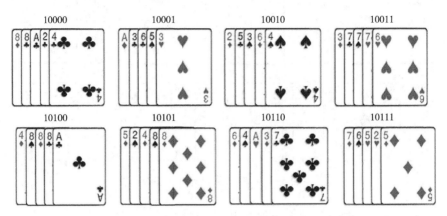

图 3-13　10 开头对应排序的牌

11 开头的牌如下，其对应排序如图 3-14 所示。

11000——红桃 8 方块 A 梅花 3 梅花 6 黑桃 5

11001——红桃 A 方块 3 梅花 7 黑桃 7 红桃 7

11010——红桃 2 方块 5 黑桃 2 方块 4 黑桃 8

11011——红桃 3 方块 7 黑桃 6 红桃 5 红桃 2

11100——红桃 4 红桃 8 方块 A 梅花 3 梅花 6

11101——红桃 5 红桃 2 方块 5 黑桃 2 方块 4

11110——红桃 6 红桃 4 红桃 8 方块 A 梅花 3

11111——红桃 7 红桃 6 红桃 4 红桃 8 方块 A

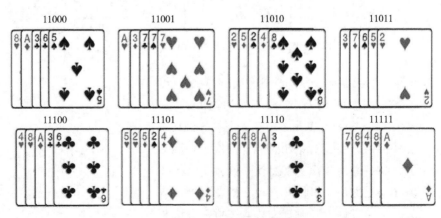

图 3-14　11 开头对应排序的牌

解码（魔术表演秘诀）：魔术师看到 5 位学生的站或坐排列时，根据前两位的站或坐就可以确定在哪一组，再看后三位的站或坐就可精确定位到哪一行，最后说出每位手中牌的点数与花色。这种方式不容易记住，表演时需准备纸条。

不需记的是用构造德布鲁因序列的方法，魔术师可以推理出学生手中牌的花色与点数。

例如，拿红牌的学生起立后的编码为 11000，推理如下：

第一位 1→红牌，第二位 1→红桃，后三位 $(000)_2 = 0$→8，第一张是红桃 8。

11000→$1 + 0 = 1 \pmod 2$→10001，$(001)_2 = 1$，第二张是方块 A。

依此，10001→$1 + 0 = 1 \pmod 2$→00011，$(011)_2 = 3$，第三张是梅花 3。

00011→$0 + 0 = 0 \pmod 2$→00110，$(110)_2 = 6$，第四张是梅花 6。

00110→$0 + 1 = 1 \pmod 2$→01101，$(101)_2 = 5$，第五张是黑桃 5。

所以，11000→红桃 8 方块 A 梅花 3 梅花 6 黑桃 5。

如果拿红牌的学生起立后的编码为 00000→梅花 8，00001→梅花 A，00010→梅花 2，00100→梅花 4，01001→黑桃 A

三、魔术拓展

1. 去掉王牌后按照一定顺序排列的一副（52 张）牌，请三位学生轮流切牌，然后每人从最上面拿一张，报出手上牌的花色，魔术师就可以说出那三张牌的点数。

提示：德布鲁因序列并不限于 0 和 1，或者红与黑，可以推广到 0、1、2 和 3，或者黑桃、红桃、方块和梅花。

2. 与步骤 1 相似，但三位学生的第一位学生说出他手上牌的点数，第二位学生说出他手上牌的花色，第三位学生什么都不说，魔术师就可以说出这三张牌是什么了。

四、数学素养

以排列探因魔术为载体，通过观赏魔术、体验魔术、感悟魔术、揭秘魔术、交流魔术和创造魔术的过程，使学生能够用数学的眼光观察魔术，培养抽象与概括能力；用数学思维思考魔术，提升推理与论证能力；用数学语言表达魔术，发展模型化与应用能力。

通过魔术培养数学能力：☑归纳总结的能力；☑演绎推理的能力；□准确计算的能力；☑提出问题、分析问题、解决问题的能力；☑抽象的能力；☑联想的能力；□学习新知识的能力；☑口头和书面的表达能力；☑创新的能力；□灵活运用数学软件的能力。

通过魔术提升数学素养：☑主动探寻并善于抓住数学问题中的背景和本质；☑熟练地用准确、严格、简练的数学语言表达自己的数学思想；☑具有良好的科学态度和创新精神，合理地提出数学猜想、数学概念；☑提出猜想并以数学的理性思维，从多角度探寻解决问题的道路；☑善于对现实世界中的现象和过程进行合理的简化和量化，建立数学模型。

五、思考

1. 设计一段排列探因魔术的对话，并表演一次。
2. 完成用 8 张或 16 张牌的排列探因编码，并设计一个魔术。

六、实践

（一）了解德布鲁因序列

德布鲁因序列：将 2^k 个 0、1 数码排成圆环，从任一位置开始，使连续 k 个数码的不同排列有 2^k 个，称长度为 k 的德布鲁因序列。

将 32 个 0、1 数码按 00000100101100111110001101110101 排成圆环，是长度为 5 的德布鲁因序列吗？为什么？

（二）德布鲁因序列构造方法

以构造长度为 5 的德布鲁因序列为例。

第一步，先写 00000，在末尾添加 1，得 000001；

第二步，从 000001 的第二位开始的 5 位编码为 00001，将该编码的第一位与第三位的和在 (mod2) 下的值添加到末尾得到新的编码为 0000010，依此，直到序列长度到 32 为止。

用 0、1 数码分别构造一个长度为 3、4 的德布鲁因序列。

（三）应用德布鲁因序列编码与解码

每位学生只有站或坐 2 种状态，用 1 表示站着，0 表示坐着，5 位学生站、坐的排列有_____种。

取 A 到 8 的 32 张牌排成圆环如图 3-8 所示，每张牌对应序列00000100101100111110001101110101 的 5 个数码的 32 个排列一一对应。每张牌的编码规律如图 3-15 所示。

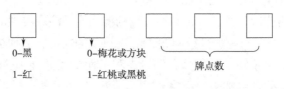

图 3-15　编码规律

编码第一位代表牌的颜色，第二位代表花色，后三位组成的二进制数代表牌的点数。

例如图 3-16 所示的编码示例。

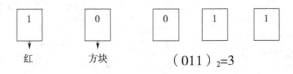

图 3-16 编码示例

所以 10011→方块 3。［规定 $(000)_2 = 0 \to 8$］

请写出每张牌对应的编码。

按编码的前两位分类。

第一类，00 开头的有那些？第二类，01 开头的有那些？第三类，10 开头的有那些？第四类，11 开头的有那些？

编码为 10011 的牌是？为 00000 的牌是？

如果学生的 5 张牌为梅花 3、梅花 6、黑桃 5、红桃 3、方块 7，其对应的站、坐排列为_____。那么牌的对应编码是从 00011 开始的 5 个连续编码为_____

学生的 5 张牌与某个编码开始的连续 5 张_____对应。

通过解码推理出学生手中牌的花色与点数。

如果拿红牌学生起立后的编码为 11000，五张牌的花色与点数推理如下：

第一位 1→_____牌，第二位 1→_____，后三位 $(000)_2 = 0 \to$ _____，第一张是_____；

11000→ 1 + 0 = 1（mod 2）→10001，第一位 1→_____牌，第二位 0→_____，后三位 $(001)_2 = 1 \to$ _____，第二张是_____；

依此，10001→ 1 + 0 = 1（mod 2）→00011，第一位 0→_____牌，第二位 0→_____，后三位 $(011)_2 = 3 \to$ _____，第三张是_____；第四张是_____；第五张是_____。

所以 11000→五张牌是_____。

（四）解决问题

请分析排列探因魔术拓展中的数学原理。

（五）反思总结

1. 完成排列探因自我发展评价表 3-10。

表 3-10　排列探因自我发展评价表

一级指标	二级指标	二级指标概述	评价标准（高→低）对应（A→C）	发展等级
问题探究	理解对象	通过观察、交流，对问题进行表征，运用所学知识，理解探究的对象	A：数学观察、讨论，运用所学知识，对问题重新表征，从数学的角度理解问题。 B：能够分析、基本理解问题，直接解决问题。 C：被动接受问题，对问题有疑问，或者不能和已有知识建立联系	
	提出猜想	比较已知与未知，预估方向，提出猜想	A：在已知与未知之间建立联系，根据数学表征，比较准确地预估问题解决的方向，提出猜想。 B：了解已知与未知关系，大概预判解决问题方向，未提出猜想；或者预估错误的方向，提出错误的猜想。 C：对已知和未知关系不清晰，无问题解决方向和研究猜想	
	方案设计	将问题转化为任务，注重逻辑关系及探究形式的选择	A：选择自主探究或者小组合作的探究形式，能够按照逻辑关系设计操作的数学任务并提出具体解决方案。 B：自主探究或者小组合作，能够设计数学任务，但是对各自任务不清晰，解决方案不清晰。 C：按照教师安排进行探究，不清晰数学任务，未能提出解决方案	
	操作实施	选择数学模型实施方案，具体操作包括：运算、推理、实验、数据处理等，并得到结果	A：根据任务和探究方案，能够熟练运用运算、推理、实验等方式，选择合适的数学模型解决问题，得到探究结果。 B：能够运用运算、推理、实验等方式进行探究，建立数学模型但不一定合理，比较困难地得到结果。 C：数学运算、推理、实验等方式运用不够熟练，数学模型应用混乱，未能得到结果	
反思提升	质疑反思	回顾探究过程，表达自己的观点，反思、质疑	A：清晰回归探究过程，反思数学方法和模型的合理性，对他人的探究进行鉴赏、质疑。 B：能够简单梳理探究过程，反思较少，对他人的探究很少质疑。 C：不清晰自己是如何探究的，无反思、无质疑	

续表

一级指标	二级指标	二级指标概述	评价标准（高→低）对应（A→C）	发展等级
小组合作	分工协作	小组分工、分配任务、讨论	A：分工明确，任务分配合理，积极参与讨论。 B：分工不够明确，只有基本的任务分配，参与部分讨论。 C：分工不明确，有成员没有任务，不参与讨论	
	汇报交流	成果的展示，汇报交流	A：熟练展示汇报探究成果，赏析他人成果，与其他人分享交流。 B：能够讲清楚探究结果，与他人交流较少。 C：对探究结果讲解不清，不与他人交流	

2. 你在排列探因魔术学习中运用了哪些数学知识和能力？请详细列举。

3. 请你用文字进一步描述在排列探因数学魔术的感受。

你的收获：

你的困惑：

你的建议：

第六节　一线生机

现实生活中，街头的象棋残局对弈参与者获胜的机会微乎其微，买彩票获一等奖更是难上加难。"一线生机"魔术是利用五颗骰子、兑奖规则而设计的概率游戏，其罚钱概率为 53.687% 超过一半。当参与这个游戏次数足够多时，每次游戏亏损的平均值接近于 2.1 元，所以玩抽奖游戏需谨慎。该魔术通过游戏培养学生的随机思想与概率思维，提高分析、解决问题的能力。

一、魔术流程

1. 魔术师拿出五颗骰子和一张兑奖表，请一位学生参加掷骰子游戏；

2. 先交 2 元钱，然后选定方向（顺时针或逆时针）；

3. 再掷 5 颗骰子，以 5 颗骰子的点数和为起点，按选定的方向数完点数和，并按表 3-11 兑奖。如：选顺时针方向，投出 12 点，那么从 12 开始往顺时针数 12 格就是罚 5 元。

表 3-11 一线生机兑奖表

14 奖 35 元	15 奖 5 元	12 奖 30 元	11 奖 5 元	10 奖 15 元	19 奖 5 元	20 奖 50 元	7 奖 5 元	22 奖 40 元
13 奖 5 元								30 奖 5
16 奖 15 元								24 奖 35
17 奖 10 元								29 奖 5
18 奖 35 元								26 奖 35
9 奖 5 元	8 奖 50 元	21 奖 6 元	6 奖 5 元	23 奖 5 元	5 奖 10 元	25 奖 5 元	28 奖 35 元	27 罚 5 元

二、魔术揭秘

（一）问题分析

我们将选定方向（逆时针或顺时针）再掷 5 颗骰子看成一个随机试验。由于每一次试验结果都对应于一个 6 维向量空间中的点，该试验的样本空间共有 $2 \times 6^5 = 15\,552$ 个样本点，且每一个样本点出现的机会都是 $\dfrac{1}{15\,552}$，所以这是一个古典概型问题。

将玩家选择顺时针、逆时针方向依次记为 $\omega_i = i(i = 1, 2)$。掷五颗骰子出现的点数依次记为 ω_j，ω_k，ω_l，ω_m，$\omega_n(\omega_j$，ω_k，ω_l，ω_m，$\omega_n \in \{1, 2, \cdots, 6\})$，于是，试验的样本空间为

$$\Omega = \{(\omega_i, \omega_j, \omega_k, \omega_l, \omega_m, \omega_n)\}$$

5 颗骰子的点数和有 5~30 共 26 种情况，将这 26 种情况从小到大依次记为 $w(w = 5, 6, \cdots, 30)$。玩家要么奖励 50 元、35 元、10 元、6 元、5 元，要么罚 5 元，不会出现奖 15 元、40 元、35 元的情况。将获奖等级从 50 元、

35 元、10 元、6 元、5 元及罚 5 元，依次记为第 1、2、3、4、5、6 等奖。

事件 $A_{i, j}$：表示选第 i 个方向，五颗骰子的点数和为 w（$w = 5, 6, \cdots, 30$）；

事件 B_k：表示获得第 k（$k = 1, 2, \cdots, 6$）等奖。

奖 50 元只有 2 种情况，即顺时针投出 5 点或逆时针投出 30 点；奖 35 元只有 2 种情况，即顺时针投出 30 点或逆时针投出 5 点；奖 10 元只有 2 种情况，即顺时针投出 6 点或 19 点；奖 6 元只有 1 种情况，即逆时针投出 11 点；奖 5 元有 19 种情况，即顺时针投出 8、9、13、15、20、22、23、24、26、28 点或逆时针投出 7、10、12、16、17、18、21、25、29 点；罚 5 元有 26 种情况，即顺时针投出 7、10、11、12、14、16、17、18、21、23、25、27、29 点或逆时针投出 6、8、9、13、14、15、19、20、22、24、26、27、28 点。

于是各事件 B_k 具体获奖情况如下：

$B_1 = A_{1, 5} \cup A_{2, 30}$；　$B_2 = A_{1, 30} \cup A_{2, 5}$；

$B_3 = A_{1, 6} \cup A_{1, 19}$；　$B_4 = A_{2, 11}$；

$B_5 = A_{1, 8} \cup A_{1, 9} \cup A_{1, 13} \cup A_{1, 15} \cup A_{1, 20} \cup A_{1, 22} \cup A_{1, 23}$
$\quad\quad \cup A_{1, 24} \cup A_{1, 26} \cup A_{1, 28} \cup A_{2, 7} \cup A_{2, 10} \cup A_{2, 12}$
$\quad\quad \cup A_{2, 16} \cup A_{2, 17}, \quad \cup A_{2, 18} \cup A_{2, 21} \cup A_{2, 25} \cup A_{2, 29}$；

$B_6 = A_{1, 7} \cup A_{1, 10} \cup A_{1, 11} \cup A_{1, 12} \cup A_{1, 14} \cup A_{1, 16} \cup A_{1, 17}$
$\quad\quad \cup A_{1, 18} \cup A_{1, 21}, \quad \cup A_{1, 23} \cup A_{1, 25} \cup A_{1, 27} \cup A_{1, 29}$
$\quad\quad \cup A_{2, 6} \cup A_{2, 8} \cup A_{2, 9} \cup A_{2, 13} \cup A_{2, 14} \cup A_{2, 15} \cup A_{2, 19}$
$\quad\quad \cup A_{2, 20} \cup A_{2, 22} \cup A_{2, 24} \cup A_{2, 26} \cup A_{2, 27} \cup A_{2, 28}$

（二）5 颗骰子点数和的排列数[①]

设 ω_k 为第 k 颗骰子的点数，则 5 颗骰子的点数和为 w 的排列数就是下述不定方程解的个数。

$$
\begin{cases}
\displaystyle\sum_{i=1}^{5} \omega_i = w, \ \forall w \in \{5, 6, \cdots, 30\} \\
\omega_i \in \{1, 2, \cdots, 6\}
\end{cases}
$$

通过分析推理知，上述方程有 $\displaystyle\sum_{p=0}^{M} (-1)^p C_5^p C_{w-pk-1}^{5-1}$

（$M = \min\left\{5, \left[\dfrac{w-5}{k}\right]\right\}$，$p \in N$）个正整数解，如表 3-12 所示。

---

① 胡英武．一个骰子游戏的揭秘［J］．金华职业技术学院学报，2019，19（6）：86-88.

表 3-12 5 颗骰子点数和及对应的解的个数

点数和	解的个数	点数和	解的个数	点数和	解的个数
5	1	14	540	23	305
6	5	15	651	24	205
7	15	16	735	25	126
8	35	17	780	26	70
9	70	18	780	27	35
10	126	19	735	28	15
11	205	20	651	29	5
12	305	21	540	30	1
13	420	22	420		

（三）玩家赢、输钱的概率和期望

由各 $A_{i,j}$ 的相互独立性及古典概型得：

$$P(B_k) = P(\cup A_{i,j}) = \sum P(A_{i,j}) = \sum \frac{|A_{i,j}|}{15552}$$

获奖概率如表 3-13 所示。

表 3-13 获奖概率 $P(B_k)$

B_k	B_k 包含样本点个数个数	$P(B_k)$
B_1	2	0.000 12
B_2	2	0.000 12
B_3	740	0.047 58
B_4	205	0.013 18
B_5	6 254	0.402 13
B_6	8 349	0.536 87

设 ξ 为玩家获得的钱数。由于玩一次要先交 2 元，然后依据兑奖规则确定获奖数额，则有

$$
\begin{aligned}
E(\xi) &= \sum_{k=1}^{6} (B_k - 2)P(B_k) \\
&= (50 - 2)P(B_1) + (35 - 2)P(B_2) + \\
&\quad (10 - 2)P(B_3)(6 - 2)P(B_4) + (5 - 2)P(B_5) \\
&\quad + (-5 - 2)P(B_6) \\
&= -2.108\ 62
\end{aligned}
$$

获奖概率（46.313%）与罚钱概率（53.687%）看似数值比较接近，但获1~4等奖都是小概率事件，一次试验中几乎不会发生。在先交2元的条件下，玩一次有近54%的机会输7元，而只有约40%的机会赢3元。当参与这个游戏次数足够多的时候，每次游戏亏损的平均值接近于2.1元。该游戏26个数字的布局是经过精心设计的，从而保证了庄家的利益。

三、魔术拓展

（一）有奖摸球

1. 一箱子中放有20个乒乓球，其中10个红色10个白色。学生出10元钱参与摸乒乓球有奖活动。

2. 学生从口袋中摸出10个乒乓球，如果摸出的是4红6白、5红5白或6红4白，则为你输，这10元钱归他所有；如果摸出的是3红7白或7红3白，则奖励你20元钱；如果是2红8白或8红2白，则奖励你100元钱；如果是1红9白或9红1白，则奖励你1 000元钱；如果是10红或10白，则奖励你10 000元钱。

（二）"免费抽奖"真的免费吗

1. 消费者从一个放有8个黄球8个白球的箱子中随意摸出8个；

2. 每个黄球代表10分、白球代表5分，算出摸出8球的总得分并兑奖：80分或40分为一等奖，奖金50元；75分或45分为二等奖，奖金5元；70分或50分为三等奖，奖金2元；65分或55分为四等奖，交现金1元送巧克力一块；60分则罚款2元。

四、数学素养

以一线生机魔术为载体，通过观赏魔术、体验魔术、感悟魔术、揭秘魔术、交流魔术和创造魔术的过程，使学生能够用数学的眼光观察魔术，培养抽象与概括能力；用数学思维思考魔术，提升推理与论证能力；用数学语言表达魔术，发展模型化与应用能力。

通过魔术培养数学能力：☑归纳总结的能力；□演绎推理的能力；☑准确计算的能力；☑提出问题、分析问题、解决问题的能力；☑抽象的能力；□联想的能力；□学习新知识的能力；☑口头和书面的表达能力；□创新的能力；□灵活运用数学软件的能力。

通过魔术提升数学素养：☑主动探寻并善于抓住数学问题中的背景和本质；☑熟练地用准确、严格、简练的数学语言表达自己的数学思想；☑具有良好的科学态度和创新精神，合理地提出数学猜想、数学概念；□提出猜想并

以"数学方式"的理性思维，从多角度探寻解决问题的道路；☑善于对现实世界中的现象和过程进行合理的简化和量化，建立数学模型。

五、思考

1. 推导一线生机中五颗骰子点数和为 19 的有利事件数。
2. 你会参与街头抽奖游戏吗？为什么？

六、实践

（一）试玩

依规则试玩 3 次抽奖游戏并做好记录。如果条件允许你会不断玩下去吗？

（二）探究

1. 获奖情况分析。

会出现奖 15 元的情况吗？40 元、35 元呢？一共有哪几种获奖情况？

奖 5 元的情况有＿＿＿＿＿＿种，分别为顺时针投出＿＿＿＿＿＿＿＿点，逆时针投出＿＿＿＿＿＿点。罚 5 元的情况有＿＿＿＿＿＿种，分别是顺时针投出＿＿＿＿＿＿点，逆时针投出＿＿＿＿＿点。

按上述方式完整写出获奖的其他情况。

将获奖 50 元、35 元、10 元、6 元、5 元及罚 5 元，依次记为第 1、2、3、4、5、6 等奖。事件 B_k 表示获得第 $k(k = 1, 2, \cdots, 6)$ 等奖，事件 $A_{i,j}$ 表示选第 i 个方向（$i = 1$ 顺时针、$i = 2$ 逆时针），五颗骰子的点数和为 j，有 $B_1 = A_{1,5} \cup A_{2,30}$ 请写出

$B_2 =$

$B_3 =$

$B_4 =$

$B_5 =$

$B_6 =$

2. 五颗骰子点数和为 j 的排列数。

设 ω_k 为第 k 颗骰子的点数，则五颗骰子点数和为 j 的排列数就是下述不定方程解的个数。

$$\begin{cases} \sum_{i=1}^{5} \omega_i = j, \quad \forall j \in \{5, 6, \cdots, 30\} \\ \omega_i \in \{1, 2, \cdots, 6\} \end{cases}$$

例如，$j = 6$ 时方程有 5 个解。请写出 j 的所有取值及取相应值时解的个数。

（三）获奖概率

1. 计算各 $P(B_k)$。

2. 获奖概率多少？罚钱概率呢？

3. 计算赢钱的期望。

（四）解决问题

请分析一线生机魔术拓展中的数学原理。

（五）反思总结

1. 完成一线生机自我发展评价表 3-14。

表 3-14　一线生机自我发展评价表

一级指标	二级指标	二级指标概述	评价标准（高→低）对应（A→C）	发展等级
问题探究	理解对象	通过观察、交流，对问题进行表征，运用所学知识，理解探究的对象	A：数学观察、讨论，运用所学知识，对问题重新表征，从数学的角度理解问题。 B：能够分析、基本理解问题，直接解决问题。 C：被动接受问题，对问题有疑问，或者不能和已有知识建立联系	
	提出猜想	比较已知与未知，预估方向，提出猜想	A：在已知与未知之间建立联系，根据数学表征，比较准确地预估问题解决的方向，提出猜想。 B：了解已知与未知关系，大概预判解决问题方向，未提出猜想；或者预估错误的方向，提出错误的猜想。 C：对已知和未知关系不清晰，无问题解决方向和研究猜想	
	方案设计	将问题转化为任务，注重逻辑关系及探究形式的选择	A：选择自主探究或者小组合作的探究形式，能够按照逻辑关系设计操作的数学任务并提出具体解决方案。 B：自主探究或者小组合作，能够设计数学任务，但是对各自任务不清晰，解决方案不清晰。 C：按照教师安排进行探究，不清晰数学任务，未能提出解决方案	
	操作实施	选择数学模型实施方案，具体操作包括：运算、推理、实验、数据处理等，并得到结果	A：根据任务和探究方案，能够熟练运用运算、推理、实验等方式，选择合适的数学模型解决问题，得到探究结果。 B：能够运用运算、推理、实验等方式进行探究，建立数学模型但不一定合理，比较困难地得到结果。 C：数学运算、推理、实验等方式运用不够熟练，数学模型应用混乱，未能得到结果	

续表

一级指标	二级指标	二级指标概述	评价标准（高→低）对应（A→C）	发展等级
反思提升	质疑反思	回顾探究过程，表达自己的观点，反思、质疑	A：清晰回归探究过程，反思数学方法和模型的合理性，对他人的探究进行鉴赏、质疑。 B：能够简单梳理探究过程，反思较少，对他人的探究很少质疑。 C：不清晰自己是如何探究的，无反思、无质疑	
小组合作	分工协作	小组分工、分配任务、讨论。	A：分工明确，任务分配合理，积极参与讨论。 B：分工不够明确，只有基本的任务分配，参与部分讨论。 C：分工不明确，有成员没有任务，不参与讨论	
	汇报交流	成果的展示，汇报交流	A：熟练展示汇报探究成果，赏析他人成果，与其他人分享交流。 B：能够讲清楚探究结果，与他人交流较少。 C：对探究结果讲解不清，不与他人交流	

2. 你在学习一线生机魔术中运用到哪些数学知识和能力？请详细列举。

3. 请你用文字进一步描述在一线生机数学魔术活动的感受。

你的收获：

你的困惑：

你的建议：

第七节　随机匹配

随机匹配是利用 10 张扑克牌、4 颗骰子结合同余原理设计的魔术。通过该魔术可培养学生分类讨论、抽象推理的能力。学生随机摆放 4 颗骰子，按魔术流程操作后，产生确定的结果（每两张都是相同点数的牌）。随机性成了确定性，有悖常理！

一、魔术流程

1. 请学生对 10 张牌面朝下的牌实施若干次拦腰一斩洗牌后，拿出顶上的那张牌，牌面朝下放在桌面上，然后将第二张牌牌面朝下放在第一张的上面，依此，将前五张牌放在桌面上后，剩余五张牌面朝下放在桌面上，形成左右两叠牌。

2. 魔术师拿出四个骰子，每一个骰子都代表一次轮换（一次轮换是指将某叠牌顶部一张放到这叠的底部）。学生将这四个骰子任意分配给两叠牌，魔术师按骰子数进行轮换后取出每叠牌顶部那张放在一起，拿一个骰子放在上面；

3. 请学生将剩下的三个骰子任意分配给两叠牌，魔术师再次按骰子数进行轮换，取出每叠牌顶部那张牌放在一起，拿一个骰子放在上面。依此，将骰子用尽，最后剩余的两张牌放一起；

4. 魔术师断言，每两张牌都是点数相同的配对，请学生翻牌验证。

魔术流程如图 3-17 所示：

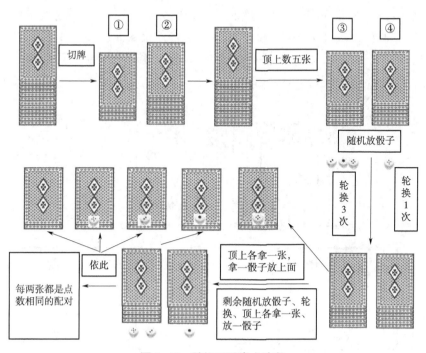

图 3-17　随机匹配魔术流程

二、魔术揭秘

这是一个利用同余定理、循环设计的扑克牌魔术。

魔术师给出的 10 张牌分别是梅花 A~5，记为 S1、S2、S3、S4、S5，红桃 A~5 记为 H1、H2、H3、H4、H5。初始排序为 S1、S2、S3、S4、S5、H1、H2、H3、H4、H5，如图 3-18 所示。

图 3-18　10 张牌的排序

拦腰一斩洗牌不会改变相邻牌的顺序。假设拦腰一斩后的顺序为 S3、S4、S5、H1、H2、H3、H4、H5、S1、S2，学生将顶上 5 张反转形成右叠的排序为 H2、H1、S5、S4、S3，左叠排序为 H3、H4、H5、S1、S2，两叠牌点数成倒序，如图 3-19 所示。

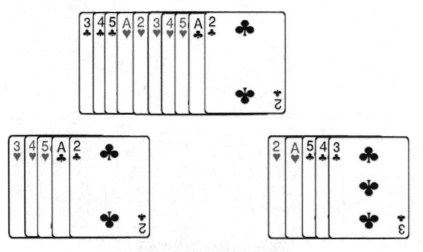

图 3-19　左右两叠牌点数对称

两叠牌点数对应关系如下：H3→S3，H4→S4，H5→S5，S1→H1，S2→H2，即左叠从上往下的第 n 张→右叠从上往下的第 $(6-n)$ 张。假设学生分配左右叠骰子个数分别为 m、$(4-m)$ 个，左叠的第 n 张经 m 次轮换成了第 $(n-m)$ 张（$\mathrm{mod}5$ 下），右叠的第 $(6-n)$ 张经 $(4-m)$ 次轮换成了第 $[6-n-(4-m)]$ 张（$\mathrm{mod}5$ 下）。

若 $(n-m)\equiv k(\mathrm{mod}\ 5)$，$[6-n-(4-m)]\equiv p(\mathrm{mod}\ 5)$，则

$k+p\equiv 2(\mathrm{mod}\ 5)$。

又 k，$p\in\{0,1,2,3,4\}$，共有如下五种情况：

情况（1）：$k=0$，$p=2$ 左叠第 i 张成为第五张，右叠第 $(6-i)$ 张成为第二张，即轮换后左叠第五张与右叠第二张点数相同；

情况（2）：$k=1$，$p=1$ 左叠第 j 张成为第一张，右叠第 $(6-j)$ 张成为第一张，即轮换后左叠第一张与右叠第一张点数相同；

情况（3）：$k=2$，$p=0$ 左叠第 s 张成为第二张，右叠第 $(6-s)$ 张成为第五张，即轮换后左叠第二张与右叠第五张点数相同；

情况（4）：$k=3$，$p=4$ 左叠第 t 张成为第一张，右叠第 $(6-t)$ 张成为第三张，即轮换后左叠第一张与右叠第四张点数相同；

情况（5）：$k=4$，$p=3$ 左叠第 q 张成为第四张，右叠第 $(6-q)$ 张成为第三张，即轮换后左叠第四张与右叠第三张点数相同；

倒序的两叠牌经第一次轮换后，顶上两张点数相同，其余四张成倒序，顶上两张取出放一个骰子后，剩余四张成倒序剩下三个骰子。再次经历上述过程总有 $k+p\equiv 2(\mathrm{mod}\ 4)$，两叠牌顶上两张点数相同，剩余三张成倒序，顶上两张取出放一个骰子，剩余三张成倒序剩下两个骰子。重复该过程，只要保证两叠牌互为倒序且每叠牌数量比骰子数多 1，就会有 $k+p\equiv 2(\mathrm{mod}\ r)$（$r$ 表示骰子数），经过任意方案的轮换后都能使两叠牌的第一张相同，其余牌互为倒序，直到每叠牌都只剩余一张自动配对。

三、魔术拓展

（一）顺序配对

请学生对 10 张牌面朝下的牌实施若干次拦腰一斩洗牌后，从顶部开始发五张牌成五列，后面的牌一张一张依次发到这五列上，每列的两张牌点数相同。

（二）逆序配对

1. 请学生对 10 张牌面朝下的牌实施若干次拦腰一斩洗牌后，从顶部开始数出五张为右叠；

2. 左叠牌第 i 张与右叠牌第 $(6-i)$ 张发成一对，每一对牌的点数相同。

（三）听话的牌

1. 桌上有 10 张正面朝下的牌叠（顶部到底部排序为梅花 A~5，红桃 A~5），请学生拦腰一斩洗牌若干次后交给魔术师；

2. 魔术师从底部依次抽牌，正面朝上从左到右放在桌上共 4 张，请学生依次说是否要发同点数的牌，魔术师从底部依次拿一张盖在正面牌的上面；

3. 学生翻开牌验证均符合。

（四）命运骰子

将随机匹配魔术的牌变成 12 张，骰子数为 5 颗。

四、数学素养

以随机匹配魔术为载体，通过观赏魔术、体验魔术、感悟魔术、揭秘魔术、交流魔术和创造魔术的过程，使学生能够用数学的眼光观察魔术，培养抽象与概括能力；用数学思维思考魔术，提升推理与论证能力；用数学语言表达魔术，发展模型化与应用能力。

通过魔术培养数学能力：☑归纳总结的能力；☑演绎推理的能力；□准确计算的能力；☑提出问题、分析问题、解决问题的能力；☑抽象的能力；□联想的能力；☑学习新知识的能力；☑口头和书面的表达能力；☑创新的能力；□灵活运用数学软件的能力。

通过魔术提升数学素养：☑主动探寻并善于抓住数学问题中的背景和本质；☑熟练地用准确、严格、简练的数学语言表达自己的数学思想；☑具有良好的科学态度和创新精神，合理地提出数学猜想、数学概念；☑提出猜想并以数学的理性思维，从多角度探寻解决问题的道路；☑善于对现实世界中的现象和过程进行合理的简化和量化，建立数学模型。

五、思考

1. 设计一份随机匹配魔术的学习单。

2. 利用随机匹配魔术原理设计一个魔术。

3. 听话的牌魔术如何操作表演？

4. 如果用 n 张牌，m 颗骰子要使魔术仍然成功，n，m 要满足什么关系？

六、实践

（一）操作

取 10 张牌，4 颗骰子，按魔术流程先操作两遍。

（二）猜想

1. 提出五对点数相同牌的排序猜想，并操作一次看能否成功？

2. 如果不成功，提出其他猜想，再操作验证。

3. 如果成功，思考骰子的随机分配是否影响结果？

（三）探究

1. 对于成功的猜想，如何说明骰子的随机分配不影响结果？

2. 请用枚举法说明数学原理。

3. 利用同余说明：经魔术流程 1 后，左右两叠牌如图 3-19 所示，两叠牌点数对应关系如下：H3→S3，H4→S4，H5→S5，S1→H1，S2→H2，即左叠从上往下的第 n 张→右叠从上往下的第 $(6-n)$ 张。

假设学生分配左右叠骰子个数分别为 m、$(4-m)$ 个，左叠的第 n 张经 m 次轮换成了第 $(n-m)$ 张 $(\bmod 5)$ 下，右叠的第 $(6-n)$ 张经 $(4-m)$ 次轮换成了第 $[6-n-(4-m)]$ 张 $(\bmod 5)$ 下。

若 $(n-m) \equiv k(\bmod 5)$，$[6-n-(4-m)] \equiv p(\bmod 5)$，则

$k+p \equiv 2(\bmod 5)$。

又 k，$p \in \{0, 1, 2, 3, 4\}$，共有如下五种情况：

（1）$k=0$，$p=2$，左叠第 i 张成为第五张，右叠第 $(6-i)$ 张成为第二张，即轮换后左叠第五张与右叠第二张点数相同；

（2）$k=1$，$p=1$，左叠第 j 张成为第一张，右叠第 $(6-j)$ 张成为第一张，

即轮换后左叠第一张与右叠第一张点数相同；

（3）$k=2$，$p=0$，左叠第 s 张成为第二张，右叠第 $(6-s)$ 张成为第五张，即轮换后左叠第二张与右叠第五张点数相同；

（4）$k=3$，$p=4$，左叠第 t 张成为第一张，右叠第 $(6-t)$ 张成为第三张，即轮换后左叠第一张与右叠第四张点数相同；

（5）$k=4$，$p=3$，左叠第 q 张成为第四张，右叠第 $(6-q)$ 张成为第三张，即轮换后左叠第四张与右叠第三张点数相同；

倒序的两叠牌经第一次轮换后，顶上两张点数相同，其余四张成倒序，顶上两张取出放一个骰子后，剩余四张成倒序剩下三个骰子。再次经历上述过程总有 $k+p\equiv 2(\mathrm{mod}4)$，两叠牌顶上两张点数相同，剩余三张成倒序，顶上两张取出放一个骰子，剩余三张成倒序剩下二个骰子。重复过程，只要保证两叠牌互为倒序且每叠牌数量比骰子数多一，就会有 $k+p\equiv 2(\mathrm{mod}\ r)$（$r$ 表示骰子数），经过任意方案的轮换后都能使两叠牌的第一张相同，其余牌互为倒序，直到每叠牌都只剩余一张自动配对。

（四）解决问题

请分析随机分配魔术拓展中的数学原理。

（五）反思总结

1. 完成随机匹配自我发展评价表 3-15。

表 3-15　随机匹配自我发展评价表

一级指标	二级指标	二级指标概述	评价标准（高→低）对应（A→C）	发展等级
问题探究	理解对象	通过观察、交流，对问题进行表征，运用所学知识，理解探究的对象	A：数学观察、讨论，运用所学知识，对问题重新表征，从数学的角度理解问题。 B：能够分析、基本理解问题，直接解决问题。 C：被动接受问题，对问题有疑问，或者不能和已有知识建立联系	
	提出猜想	比较已知与未知，预估方向，提出猜想	A：在已知与未知之间建立联系，根据数学表征，比较准确地预估问题解决的方向，提出猜想。 B：了解已知与未知关系，大概预判解决问题方向，未提出猜想；或者预估错误的方向，提出错误的猜想。 C：对已知和未知关系不清晰，无问题解决方向和研究猜想	

一级指标	二级指标	二级指标概述	评价标准（高→低）对应（A→C）	发展等级
问题探究	方案设计	将问题转化为任务，注重逻辑关系及探究形式的选择	A：选择自主探究或者小组合作的探究形式，能够按照逻辑关系设计操作的数学任务并提出具体解决方案。 B：自主探究或者小组合作，能够设计数学任务，但是对各自任务不清晰，解决方案不清晰。 C：按照教师安排进行探究，不清晰数学任务，未能提出解决方案	
	操作实施	选择数学模型实施方案，具体操作包括：运算、推理、实验、数据处理等，并得到结果	A：根据任务和探究方案，能够熟练运用运算、推理、实验等方式，选择合适的数学模型解决问题，得到探究结果。 B：能够运用运算、推理、实验等方式进行探究，建立数学模型但不一定合理，比较困难地得到结果。 C：数学运算、推理、实验等方式运用不够熟练，数学模型应用混乱，未能得到结果	
反思提升	质疑反思	回顾探究过程，表达自己的观点，反思、质疑	A：清晰回归探究过程，反思数学方法和模型的合理性，对他人的探究进行鉴赏、质疑。 B：能够简单梳理探究过程，反思较少，对他人的探究很少质疑。 C：不清晰自己是如何探究的，无反思、无质疑	
小组合作	分工协作	小组分工、分配任务、讨论	A：分工明确，任务分配合理，积极参与讨论。 B：分工不够明确，只有基本的任务分配，参与部分讨论。 C：分工不明确，有成员没有任务，不参与讨论	
	汇报交流	成果的展示，汇报交流	A：熟练展示汇报探究成果，赏析他人成果，与其他人分享交流。 B：能够讲清楚探究结果，与他人交流较少。 C：对探究结果讲解不清，不与他人交流	

2. 你在学习随机分配魔术中运用到哪些数学知识和能力？请详细列举。

3. 请你用文字进一步描述在随机分配数学魔术过程中的感受。

你的收获：

你的困惑：

你的建议：

第八节　质数探秘

质数是指在大于 1 的自然数中，除了 1 和它本身以外不能被其他自然数整除的自然数。质数探秘是利用质数的概念与特定的洗牌操作相结合的游戏。通过质数探秘魔术培养学生猜想、归纳、抽象推理的能力。

一、魔术流程

1. 桌上有 7 张牌面朝下的扑克牌，魔术师背对桌面，请学生从中抽取一张记住点数（如果抽到的是 A，要求把 A 放回去，重新抽一张，直到不是 A 为止），将牌交给魔术师；

2. 魔术师转身将牌随机插入剩余的牌叠中，背对牌叠，请学生按照下述规则洗牌：根据抽到的点数，比如 3，从这叠牌最上面的一张牌开始，把第 1 张和第 2 张放到牌的最下面，把第 3 张翻过来放在这叠牌的上面。然后再从这一张翻过来的牌开始，将第 1 张、第 2 张放到最下面，第 3 张翻过来……，依此，直到这 7 张牌全部正面朝上；

3. 魔术师转身将牌摊开就能说出学生抽到的那张牌。

该魔术流程如图 3-20 所示。

二、魔术揭秘

（一）7 张牌全部翻面只需翻 7 次

魔术中这 7 张牌面朝下的牌从上到下排序为 A，2，3，4，5，6，7。

将牌按 1，2，3，4，5，6，7 编号，学生抽到牌的点数为 p，洗牌时每次将顶部的 $(p-1)$ 张看成整体移到底部再翻第 $p(2 \leqslant p \leqslant 7)$ 张，按照这种方式依次进行直到所有牌都全部正面朝上只需翻 7 次。

为了说明魔术中的数学原理，进行完全枚举。

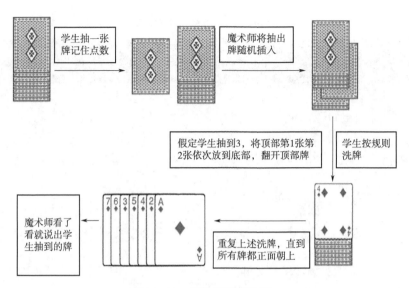

图 3-20　质数探秘全流程

当 $p = 2$，依次翻转编号为 2、3、4、5、6、7、1 的牌后全部正面朝上如表 3-16 所示。

表 3-16　当 $p=2$，经 7 次翻转后全部正面朝上

原排序	第一次后排序	第二次后排序	第三次后排序	第四次后排序	第五次后排序	第六次后排序	第七次后排序
1	2	3	4	5	6	7	1
2	3	4	5	6	7	1	2
3	4	5	6	7	1	2	3
4	5	6	7	1	2	3	4
5	6	7	1	2	3	4	5
6	7	1	2	3	4	5	6
7	1	2	3	4	5	7	7

当 $p = 3$，依次翻转编号为 3、5、7、2、4、6、1 的牌后全部正面朝上如表 3-17 所示。

表 3-17　当 $p=3$，经 7 次翻转后全部正面朝上

原排序	第一次后排序	第二次后排序	第三次后排序	第四次后排序	第五次后排序	第六次后排序	第七次后排序
1	3	5	7	2	4	6	1
2	4	6	1	3	5	7	2
3	5	7	2	4	6	1	3
4	6	1	3	5	7	2	4
5	7	2	4	6	1	3	5
6	1	3	5	7	2	4	6
7	2	4	6	1	3	7	7

当 $p=4$，依次翻转编号为 4、7、3、6、2、5、1 的牌后全部正面朝上如表 3-18 所示。

表 3-18　当 $p=4$，经 7 次翻转后全部正面朝上

原排序	第一次后排序	第二次后排序	第三次后排序	第四次后排序	第五次后排序	第六次后排序	第七次后排序
1	4	7	3	6	2	5	1
2	5	1	4	7	3	6	2
3	6	2	5	1	4	7	3
4	7	3	6	2	5	1	4
5	1	4	7	3	6	2	5
6	2	5	1	4	7	3	6
7	3	6	2	5	1	4	7

当 $p=5$，依次翻转编号为 5、2、6、3、7、4、1 的牌使得所有牌后全部正面朝上如表 3-19 所示。

表 3-19　当 $p=5$，经 7 次翻转后全部正面朝上

原排序	第一次后排序	第二次后排序	第三次后排序	第四次后排序	第五次后排序	第六次后排序	第七次后排序
1	5	2	6	3	7	4	1
2	6	3	7	4	1	5	2
3	7	4	1	5	2	6	3

原排序	第一次 后排序	第二次 后排序	第三次 后排序	第四次 后排序	第五次 后排序	第六次 后排序	第七次 后排序
4	1	5	2	6	3	7	4
5	2	6	3	7	4	1	5
6	3	7	4	1	5	2	6
7	4	1	5	2	6	3	7

当 $p = 6$，依次翻转编号为 6、4、2、7、5、3、1 的牌后全部正面朝上如表 3-20 所示。

表 3-20　当 $p = 6$，经 7 次翻转后全部正面朝上

原排序	第一次 后排序	第二次 后排序	第三次 后排序	第四次 后排序	第五次 后排序	第六次 后排序	第七次 后排序
1	6	4	2	7	5	3	1
2	7	5	3	1	6	4	2
3	1	6	4	2	7	5	3
4	2	7	5	3	1	6	4
5	3	1	6	4	2	7	5
6	4	2	7	5	3	1	6
7	5	3	1	6	4	2	7

当 $p = 7$，依次翻转编号为 7、6、5、4、3、2、1 的牌后全部正面朝上如表 3-21 所示。

表 3-21　当 $p = 7$，经 7 次翻转后全部正面朝上

原排序	第一次 后排序	第二次 后排序	第三次 后排序	第四次 后排序	第五次 后排序	第六次 后排序	第七次 后排序
1	7	6	5	4	3	2	1
2	1	7	6	5	4	3	2
3	2	1	7	6	5	4	3
4	3	2	1	7	6	5	4
5	4	3	2	1	7	6	5
6	5	4	3	2	1	7	6
7	6	5	4	3	2	1	7

（二）每次翻面牌的编号

将编号为 1，2，3，4，5，6，7 的牌看成圆环排列，容易得到第 n 次翻面牌的编号为 $[p + (p-1) \times (n-1)] = n(p-1) + 1$ 在模 7（mod7）下的值。

例如，$p = 5$ 时，第一次翻牌的编号为 $1 \times (5-1) + 1 = 5$ 在模 7（mod7）下的值 5；

第二次翻牌的编号为 $2 \times (5-1) + 1 = 9$ 在模 7（mod7）下的值 2；

第三次翻牌的编号为 $3 \times (5-1) + 1 = 13$ 在模 7（mod7）下的值 6；

第四次翻牌的编号为 $4 \times (5-1) + 1 = 17$ 在模 7（mod7）下的值 3；

第五次翻牌的编号为 $5 \times (5-1) + 1 = 21$ 在模 7（mod7）下的值 0 记成 7；

第六次翻牌的编号为 $6 \times (5-1) + 1 = 25$ 在模 7（mod7）下的值 4；

第七次翻牌的编号为 $7 \times (5-1) + 1 = 29$ 在模 7（mod7）下的值 1。

（三）魔术成功的关键

该魔术表演成功的关键在于魔术用了 A，2，3，4，5，6，7 共 7 张牌与特定的洗牌。在整个过程中，所有的牌都只被翻一次。但只有牌数是质数张时才有这样的特性，因为 7 与 2 到 6 之间的所有整数都互质，所以要将一个牌面被翻过来的牌再翻回去，恰好要翻 7 次。

假设抽到的数字为 p，则每次要移动 $(p-1)$ 张到最下方，由于质数 7 不能被 $(p-1)$ 整除，所以，无论学生抽到的数字 p 是多少，从第一张被翻开的牌开始到翻牌结束，最上方的牌再次回到最上方的情况不会出现。到所有牌都翻成正面为止，一定只翻了 7 次（因为一共只有 7 张牌）。至于为什么要把抽到的 A 放回重抽，是因为移动牌加翻牌至少需要两张，A 的点数不够不符合洗牌规则。

如果将编号为 1，2，3，4，5，6，7 的牌看成圆环排列，每次移动 $(p-1)$ 张可看成旋转 $(p-1)$ 张，当移动牌的总张数为 7 的倍数时这 7 张牌构成的圆环排列就复原了。

魔术师只需记住抽到的牌放在了哪个位置，自然就知道学生抽到的牌是哪张。

例如，学生抽到 4，魔术师将 4 插入第 2 个位置，洗完牌后 4 便在第 2 个位置。

三、魔术拓展

1. 用 A ~ J 或 A ~ K 牌或用数字卡片 1 ~ 23 等再现魔术。

2. 请你写出 100 以内的质数，然后划去 2、3，剩下数中任选一个，算出该数的平方，再除以 6，你会发现余数是唯一的。

四、数学素养

以质数探秘魔术为载体，通过观赏魔术、体验魔术、感悟魔术、揭秘魔术、交流魔术和创造魔术的过程，使学生能够用数学的眼光观察魔术，培养抽象与概括能力；用数学思维思考魔术，提升推理与论证能力；用数学语言表达魔术，发展模型化与应用能力。

通过魔术培养数学能力：☑归纳总结的能力；☑演绎推理的能力；☐准确计算的能力；☑提出问题、分析问题、解决问题的能力；☑抽象的能力；☑联想的能力；☑学习新知识的能力；☑口头和书面的表达能力；☑创新的能力；☐灵活运用数学软件的能力。

通过魔术提升数学素养：☑主动探寻并善于抓住数学问题中的背景和本质；☑熟练地用准确、严格、简练的数学语言表达自己的数学思想；☑具有良好的科学态度和创新精神，合理地提出数学猜想、数学概念；☑提出猜想并以数学的理性思维，从多角度探寻解决问题的道路；☑善于对现实世界中的现象和过程进行合理的简化和量化，建立数学模型。

五、思考

1. 设计一份质数探秘的学习单。
2. 设计一个有关质数性质的魔术。

六、实践

（一）操作

取 A~7 张牌，按质数探秘魔术流程先操作两遍。

（二）猜想

1. 提出 7 张牌的排序猜想，并操作一次看能否成功？

2. 如果不成功，提出其他猜想，再操作验证。

3. 如果成功，思考抽到其他牌能否成功？

（三）探究

将 A ~ 7 牌牌面朝下并按 1 ~ 7 编号，使 7 张牌全部正面朝上要翻几次？

请通过枚举、归纳得出要翻的次数。

如果学生抽到牌的点数为 p，洗牌时每次将顶部的 $(p-1)$ 张看成整体移到底部再翻第 $p(2 \leqslant p \leqslant 7)$ 张，按照这种方式依次进行直到所有牌都全部正面朝上。

若 $p=2$，依次翻转编号为 2、3、4、5、6、7、1 的牌使得所有牌都正面朝上，需翻 7 次，如表 3-22 所示。

表 3-22　当 $p=2$，经 7 次翻转后全部正面朝上

原排序	第一次后排序	第二次后排序	第三次后排序	第四次后排序	第五次后排序	第六次后排序	第七次后排序
1	2	3	4	5	6	7	1
2	3	4	5	6	7	1	2
3	4	5	6	7	1	2	3
4	5	6	7	1	2	3	4
5	6	7	1	2	3	4	5
6	7	1	2	3	4	5	6
7	1	2	3	4	5	6	7

请写出 p 取其他值时的情况。

你的发现：

表演成功的关键在于魔术用了 A，2，3，4，5，6，7 共 7 张牌与特定的洗牌。在整个过程中，所有的牌都只被翻一次。但只有牌数是质数张时才有这样的特性，因为 7 与 2 到 6 之间的所有整数都＿＿＿＿＿＿＿，所以要将一个牌面被翻过来的牌再翻回去，恰好要翻＿＿＿＿＿＿次。

假设抽到的数字为 p，则每次要移动 $(p-1)$ 张到最下方，由于质数 7 不能被 $(p-1)$ 整除，所以，无论学生抽到的数字 p 是多少，从第一张被翻开的牌开始到翻牌结束，最上方的牌再次回到最上方的情况不会出现。到所有牌翻成正面为止，一定只翻了 7 次（因为一共只有 7 张牌）。至于为什么要把抽到的 A 放回重抽，是因为移动牌加翻牌至少需要两张，A 的点数不够不符合洗牌规则。

如果将编号为 1，2，3，4，5，6，7 的牌看成圆环排列，每次移动 $(p-1)$ 张可看成旋转 $(p-1)$ 张，当移动牌的总张数为 7 的倍数时，这 7 张牌构成的

圆环排列就复原了。

魔术师只需记住抽到的牌放在了哪个位置，自然就知道学生抽到的牌是哪张。

（四）解决问题

请分析质数探秘魔术拓展中的数学原理。

（五）反思总结

1. 完成质数探秘自我发展评价表 3-23。

表 3-23　质数探秘自我发展评价表

一级指标	二级指标	二级指标概述	评价标准（高→低）对应（A→C）	发展等级
问题探究	理解对象	通过观察、交流，对问题进行表征，运用所学知识，理解探究的对象	A：数学观察、讨论，运用所学知识，对问题重新表征，从数学的角度理解问题。 B：能够分析、基本理解问题，直接解决问题。 C：被动接受问题，对问题有疑问，或者不能和已有知识建立联系	
	提出猜想	比较已知与未知，预估方向，提出猜想	A：在已知与未知之间建立联系，根据数学表征，比较准确地预估问题解决的方向，提出猜想。 B：了解已知与未知关系，大概预判解决问题方向，未提出猜想；或者预估错误的方向，提出错误的猜想。 C：对已知和未知关系不清晰，无问题解决方向和研究猜想	
	方案设计	将问题转化为任务，注重逻辑关系及探究形式的选择	A：选择自主探究或者小组合作的探究形式，能够按照逻辑关系设计操作的数学任务并提出具体解决方案。 B：自主探究或者小组合作，能够设计数学任务，但是对各自任务不清晰，解决方案不清晰。 C：按照教师安排进行探究，不清晰数学任务，未能提出解决方案	
	操作实施	选择数学模型实施方案，具体操作包括：运算、推理、实验、数据处理等，并得到结果	A：根据任务和探究方案，能够熟练运用运算、推理、实验等方式，选择合适的数学模型解决问题，得到探究结果。 B：能够运用运算、推理、实验等方式进行探究，建立数学模型但不一定合理，比较困难地得到结果。 C：数学运算、推理、实验等方式运用不够熟练，数学模型应用混乱，未能得到结果	

一级指标	二级指标	二级指标概述	评价标准（高→低）对应（A→C）	发展等级
反思提升	质疑反思	回顾探究过程，表达自己的观点，反思、质疑	A：清晰回归探究过程，反思数学方法和模型的合理性，对他人的探究进行鉴赏、质疑。 B：能够简单梳理探究过程，反思较少，对他人的探究很少质疑。 C：不清晰自己是如何探究的，无反思、无质疑	
小组合作	分工协作	小组分工、分配任务、讨论	A：分工明确，任务分配合理，积极参与讨论。 B：分工不够明确，只有基本的任务分配，参与部分讨论。 C：分工不明确，有成员没有任务，不参与讨论	
	汇报交流	成果的展示，汇报交流	A：熟练展示汇报探究成果，赏析他人成果，与其他人分享交流。 B：能够讲清楚探究结果，与他人交流较少。 C：对探究结果讲解不清，不与他人交流	

2. 你在学习质数探秘魔术中运用到哪些数学知识和能力？请详细列举。

3. 请你用文字进一步描述在质数探秘数学魔术过程中的感受。

你的收获：

你的困惑：

你的建议：

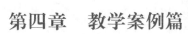

第四章　教学案例篇

　　应对新时代、新的教育理念和新课程改革的挑战，促进教师的专业发展是根本策略，而教师专业素质特别是教育教学素养的培养和提升是其中的核心问题。为此，教师需要在真实的氛围中经历观察、体验、探究、交流、感悟的过程，体会数学核心素养的发生、发展、积淀与深化，汲取经验，内化基于核心素养的认知与学习指导，为专业发展奠定基础。

　　本篇以高年级小学生为教学对象，介绍了翻转的奥秘、失踪的正方形、骰子的秘密、你摆我来猜、神奇的数表、我们不一样、9 的倍数之旅与心灵感应 8 个魔术教学案例。每个教学案例以小学数学知识或逻辑为核心，以魔术表演为呈现形式，引发学生的学习兴趣，让学生在观察、操作、猜想、验证、创编的过程中，帮助学生形成用数学的眼光观察、用数学的思维分析和探究、用数学的语言表达发现，最终在"做数学"的过程中体验数学思考的乐趣，发展数学核心素养。

　　阅读建议：

　　1. 了解 2022 版《义务教育数学课程标准》中关于"三会"（会用数学的眼光观察现实世界、会用数学的思维思考现实世界、会用数学的语言表达现实世界）数学核心素养的阐述。

　　2. 理解小学阶段的核心素养培养主要表现为：数感、量感、符号意识、运算能力、几何直观、空间观念、推理意识、数据意识、模型意识、应用意识、创新意识。

　　3. 思考如何设计高质量的数学学习任务、教学设计，如何有效开展实施与评价，将数学核心素养的培养落到实处。

　　4. 理解魔术游戏与"四基""四能""三会"的三层结构关系图（图 4-1）。

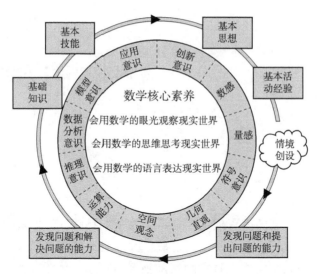

图 4-1　义务教育小学阶段数学核心素养结构图

第一节　翻转的奥秘①

一、适用对象

学过奇数、偶数性质的中高年级小学生。

二、教学目的

1. 通过魔术培养学生发现问题、提出问题的意识。在玩魔术的过程中通过观察、操作，发现和寻找奇数、偶数变中不变的规律（翻转后圆片颜色数量会发生变化，但数量的奇偶性不变），进一步理解圆片颜色数量随翻转变化的意义，并能应用规律揭秘魔术。

2. 引导学生经历猜想、操作实践、验证、创造的过程，体验数学表达的条理性，发展数学思维与解决问题的能力，积累数学活动经验，发展核心素养。

3. 让学生在参与数学魔术的过程中进一步激发对数学的好奇心，产生对数学学习的兴趣，增强合作与分享的意识。

---

① 李明伟. 数学魔术：探寻变化背后的永恒："翻转的奥秘"教学设计与启示 [J]. 小学数学教师，2017：28-29.

三、教学重难点

经历单一翻转、混合翻转操作发现圆片颜色数量的变化规律，并用自己的语言归纳概括奇偶性的性质。

四、教学用具

教师准备演示用的 12 张圆片，操作学习单 10 份，每组学生准备 12 张圆片。

五、教学过程

（一）魔术表演，引发好奇欲望

师：同学们，老师这里有一堆小圆形卡片，每张卡片一面是红色的，另一面是绿色的。

师：现在，老师需要一位小助手。呵！做过我助手的人以后都会成为数学高手哦！

（学生很踊跃，教师选一位学生上台）

师：（握手）能告诉我你叫什么名字吗？

（学生：答略）

师：现在桌面有一些圆片红色朝上，有一些绿色朝上。接下来你的任务很简单，等老师背对着大家的时候，请你同时翻转任意两张圆片（可以是"红、红"，也可以是"绿、绿"，还可以是"一红、一绿"），这样的动作可以重复多次，不用告诉老师，但每次一定是双手同时翻转。你能做到吗？

（学生点头）

师：翻转完毕后，请你在所有圆片中任意挑选一个，记住它朝上的颜色，用这个盖子盖住，注意一定不要让老师看到。现在老师转过身去了哦！同时请各位同学协助我的助手，提醒他按要求做。

（学生开始操作，操作完教师转过身来）

师：你确定有盖住一张吗？（教师用手势将学生的注意力引向被盖住的圆片）老师还不知道它的颜色，不过，我可以问一问这个小圆片，它会告诉我的。（同时将其他圆片移走）这些我们用不到了，就放到一边吧。

师：大家可要认真听喽！小圆片啊小圆片，请你告诉我你是哪一面朝上，好吗？

（教师一边倾听、一边点头）

师：（激动地）哇！我听到它说什么了，你们有听到吗？

（学生摇头）

师：哈！专注的人都能听到。我再问一次……它已经告诉我答案了。

生：怎么可能？我听不到……

师：真是实事求是的孩子。接着老师说出颜色，请学生验证，与实际一致！学生纷纷发出惊叹声。

师：刚刚发生了两件不可思议的事情。第一件是圆片真的告诉了我答案，第二件是现场居然没有热烈的掌声啊！

（学生这才回过神来，爆发出热烈掌声）

师：只有优秀的学生才会这样，你们就是优秀的学生。

设计意图：抓住学生的好奇心理，努力营造神秘的氛围，给学生以神奇、愉悦的感受，进而激发学生主动思考、主动探究的欲望。魔术表演过程力求体现魔术的神秘性，幽默的表演细节设计，及时引导学生思考探究魔术的原理，既不失娱乐，又凸显了数学思考、魔术文化等多重效果。

（二）实践操作，创设认知冲突

请学生模仿老师进行实践操作，有的能成功，有的不成功。

师：想知道一定能成功的秘密吗？

生：想。

……

设计意图：触发学生的认知失衡，使学生在变失衡为平衡的过程中产生强烈的认知需求，由此萌发数学探究的动力。

（三）原理探究，发展数学思维

师：相信是"小圆片"告诉老师答案的同学请举手。

（一部分学生举手）

师：你们真是一群可爱的孩子。

师：不相信是"小圆片"告诉老师答案的请举手。

（小部分学生举手）

师：你们是有质疑精神的孩子。我很佩服有这种特质的人，如果你能猜出老师怎样猜出结果的，那就更了不起啦！

师：请你大胆地猜想一下，是什么帮助老师猜出结果的？

生：可能有记号吧？

生：会不会是通过计算得到的？

……

师：合理的猜想容易通往成功的大道。不过，我们的猜想一定要有依据，一定要与这些看得到的圆片，或者与我的表演动作相联系。

（如果学生的猜想是毫无依据的"乱猜"，就进行第二次表演，做如下引

导；如果猜想有道理，就跳过下面的引导）

师：我们再来看一次表演，好吗？这次可要更加专注喽！

（教师将桌上的圆片打乱，每次随机选择两张圆片同时翻转，有意识地放慢操作的过程，让学生观察圆片翻转时红、绿的变化）

师：再来猜一猜，这个魔术的关键是在小圆片的数量上，还是在翻转的次数上，还是另有不为人知的秘密呢？

生：小圆片的数量。

生：翻转的次数。

生：小圆片红、绿面的单双数。

师：同学们真是了不起，能透过现象作出合理推测，越来越会思考问题了。

师：如果关键是在小圆片的数量上，那么数量是怎样变化的？如果关键在翻转的次数上，那么这个次数又是怎样变化的？又或者是红、绿面的单双数在有规律地变化？

（留给学生独立思考的时间）

设计意图：完美的表演只是数学魔术课的起点，有效的课堂教学要从好的问题开始。问题即思考，思考即目标。引发学生思考并提出问题，是课堂教学的方向。学生如何发现问题、提出问题？从无序的乱猜，越过认知的起点，到透过操作与现象慢慢进入有依据的猜测，通过数学魔术的学习，可以促进学生合情推理能力的发展，进而提升数学问题解决的能力。

师：想不想知道魔术中有什么玄机？

生：想！

师：（呈现两堆小圆片：一堆30个，另一堆12个）在探索规律时，你认为选哪一堆好？是多一些好，还是少一些好？为什么？

生：30个一堆太多了，不好数。

师：既然大家觉得太多不好数，那我们只要2个好了。

（从袋中拿出2个放一堆）

生：2个一堆太少了，没办法操作与观察。

师：太少了不好发现规律，太多了又很麻烦，那我们就……

生：选小圆片数量比较适中的一堆12个。

师：从几个红色、绿色朝上开始呢？

生：情况有很多。

生：从6个红色朝上、6个绿色朝上开始吧。

师：好的。

师：每次翻转2个有几种情况？

生：3种，"红、红"或"绿、绿"，还可以是"一红、一绿"。

师：真棒！那你们准备怎么办？

生：先只用同一种翻转试试看，例如"红、红"。

师：真有办法！你们小组选哪种翻法？

生："红、红。"

生："绿、绿。"

生："一红、一绿。"

设计意图：将复杂的问题变得简单，即化繁为简，这是魔术教学想传递给学生的理念之一。学生需要一个切实体验的过程，才会对化繁为简的理念真正有认识，给学生选择的机会很重要，然后沿着学生质疑中有价值的问题引发其进一步思考。

师：我们怎样从看似混乱的圆片中找到规律呢？这个时候你觉得做一件什么事很重要？

生：记录下变化的过程。

师：怎样记录会更容易看出变化的规律？

生：有顺序地记录。

师：请小组长来领取学习记录单，按要求操作并做好记录。

……

师：先看每次翻"红、红"小组的记录单，见表4-1。

表4-1 "红、红"小组记录单

圆片朝上的 颜色与数量	翻第一次后朝上的 颜色与数量	翻第二次后朝上的 颜色与数量	翻第三次后朝上的 颜色与数量
红 6	红 4	红 2	红 0
绿 6	绿 8	绿 10	绿 12

师：再看每次翻"绿、绿"小组的记录单，见表4-2。

表4-2 "绿、绿"小组记录单

圆片朝上的 颜色与数量	翻第一次后朝上的 颜色与数量	翻第二次后朝上的 颜色与数量	翻第三次后朝上的 颜色与数量
红 6	红 8	红 10	红 12
绿 6	绿 6	绿 2	绿 0

师：通过刚才的操作和记录，你有什么发现？

生：无论怎么翻转，结果都是双数。

师：此时得出无论怎么翻转，结果都是双数，还为时尚早，还要……

生：看翻转"一红、一绿"的情况。

师：真完整，思考全面。

师：最后看每次翻转"一红、一绿"小组的记录单，见表4-3。

表4-3　"一红、一绿"小组记录单

圆片朝上的 颜色与数量	翻第一次后朝上的 颜色与数量	翻第二次后朝上的 颜色与数量	翻第三次后朝上的 颜色与数量
红　6	红　6	红　6	红　6
绿　6	绿　6	绿　6	绿　6

师：每次翻转"一红、一绿"你们发现了什么？

生：无论怎么翻转结果的数量都和原先的一样，没有改变。

师：结合上面的记录单谁能概括地说一说，你发现的规律？

生：如果都用同一种翻转，无论翻转几次，结果的数量都是偶数（或双数），不会改变。

师：你的总结真到位！

师：混合翻转会怎么变化？例如：第一次翻转"红、红"，第二次翻转"绿、绿"，第三次翻转"一红、一绿"。

生：翻转"一红、一绿"，红、绿的数量不变，这种翻转不起作用可以不用看。

师：真了不起！所以，混合翻转只要考虑什么？

生："红、红"与"绿、绿"。

师：对！这就使复杂的问题变简单了。经过两次翻转红、绿数量怎么变？

生：第一次翻转后红4个、绿8个，第二次翻转后红6个、绿6个，最后红、绿数量都是双数。

师：真能干，可以用算式表示红、绿数量的变化吗？

生：第一次翻转后红 = 6 - 2，绿 = 6 + 2，第二次翻转后红 = 6 - 2 + 2，绿 = 6 + 2 - 2，最后红、绿数量都是偶数（双数）。

师：如果这两种翻转用了很多次，你能知道最后两种颜色的数量吗？

生：红色的等于6与几个2的和差，结果还是偶数。绿色的也一样。

师：真是神奇的发现！所以，不管怎么翻转，结果……

生：红、绿数量都是偶数。

师：厉害！

师：如果用盖子盖住一个，怎样判断被盖住的圆片是哪种颜色朝上？

生：数一数没被盖住的小圆片数量，如果红色的是单数，那么盖住的红色朝上；如果绿色的是单数，那么盖住的绿色朝上。

师：很好。这就是翻转的奥秘。

设计意图：探索规律，就要透过事物表象发现内在本质，从万千变化的表象中找到背后那个永恒不变的规律。圆片颜色的数量会发生变化，但其奇偶性不变。要"发现不变"不容易，如果学生没有"发现"，这个时候最好做点什么？教师可以引导学生思考：混乱的表象是什么？混乱的表象的背后是什么？帮助学生领会原来魔术与数学有关系！让学生体会到数学与魔术联系起来就会发生神奇的变化。通过记录，学生发展了数学的符号意识，感悟到数学的简洁美；通过观察、比较，学生发现魔术中隐藏着不变的规律；通过操作，学生积累了探索经验，感受到成功的喜悦。

(四) 魔术再现，提高综合能力

请同学们在小组里轮流充当学生和魔术师，练习一下这个魔术，教师巡视指导。学生表演成功：介绍猜测的过程与理由；学生表演失败：请其他学生帮助分析错误原因，再请表演失败的学生重新表演，直到成功为止。

设计意图：学习体验与学习效果是数学魔术关注的核心问题。魔术再现的活动由学生合作完成，其目的有三：一是为了降低学生独立表演的难度；二是有机会将重点放在数学与魔术的联系上；三是帮助学生积累数学活动经验。在实际教学中，有的学生会判断出错，此时给学生一次改正并体验成功的机会，也是一个美好的过程。

(五) 创编魔术，培养核心素养

请学生展示用奇、偶数的性质创编的魔术。

生：开始4红8绿，任意翻转2个。

生：开始5红7绿，任意翻转2个。

……

设计意图：通过对魔术的创编与展示，加深学生对数学原理的理解，培养创新意识。

第二节　失踪的正方形①

一、适用对象

学过"比""比例"知识的高年级小学生。

二、教学目的

1. 通过观看、探究和拓展魔术的过程，培养学生发现问题、提出问题和解决问题的能力。学生在玩魔术的过程中通过观察、操作体会图形的前后变化及其奇特构成（空间形式），探究图形中的比例关系（数量关系），能应用规律揭秘魔术。

2. 引导学生经历猜想、操作实践、验证、创造的过程，体验数学表达的条理性，发展数学思维与解决问题的能力，积累数学活动经验，发展核心素养。

3. 学生在参与数学魔术的过程中可进一步激发对数学的好奇心，通过魔术这一载体寓教于乐，加深学生对数学的认识，让数学魔术焕发出不一样的风采。

三、教学重难点

经历数一数、算一算、比一比等操作探究图形面积的变化，应用比、比例的知识解释图形面积变化的本质。

四、教学用具

教师准备演示用的图形、学习单，每组学生准备多张格子图。

五、教学过程

（一）魔术表演，引发好奇欲望
师：请同学们看图 4-2，这两幅图什么变了，什么没变？

---

① 吴振亚. 用数学魔术开展深度学习：以"失踪的正方形"—课为例［J］. 小学数学教师，2018，12：33-34.

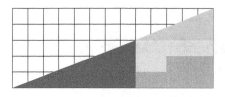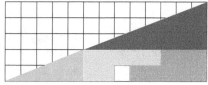

图 4-2 组合图形

生：四块图形位置变了，大小（面积）没变。

师：再仔细看看。

生：（数格子）第一块是蓝色三角形，底 8 高 3，面积是 12 格。

生：第二块是绿色三角形，底 5 高 2，面积是 5 格。

生：第三块是不规则图形，数得面积为 7 格；第四块也是不规则图形，数得面积为 8 格。

师：数完之后有什么发现吗？

生：每一块都没变，但两幅图一对比，总数差了 1 格！

生：怎么可能！

设计意图：数学魔术通常以违反客观事实的结果来呈现。但这个结果往往不符合已有的认知经验，让人产生"不可思议"的困惑，从而激发学生的好奇心与探究欲。

（二）实践操作，创设认知冲突

生：会不会数错了？再数数。

生：左图面积：12+8+7+5 = 32（格）；右图面积：12+8+7+5+1 = 33（格）；如果是看成一个完整的大三角形，那么有：13×5÷2 = 32.5（格）。

师：这说明了什么呢？

生：原来，左图和右图算出来都不是完整大三角形的面积，左图少了半格，右图多了半格，所以相差了 1 格。

师：那这是为什么呢？

生：（质疑）会不会是算错了？

生：（再数一遍……再加一次……换个顺序再数、再加……一次又一次的重复，一次又一次 的失望）完全不是数错或是算错啊！

生：（越数越不甘心）感觉很简单，研究的过程没毛病，但就是找不到答案。

师：用比例的知识去研究三个三角形，看看是否有新的发现？

设计意图：日常的魔术揭秘往往是魔术师将魔术流程做详细拆解，对道具功能做一一演示后，学生才能发现其中奥秘，从而发出"原来如此"的感叹。这样的过程虽能牢牢地吸引学生，但在发展思维、提升能力方面的作用微乎其微。而本节课，教师在引发学生思考兴趣后并不加以提示，最后趁学生"走投无路"了，再提供一点点研究方向，从而更大地激发其积极性。

生：13∶5（完整大三角形），8∶3（蓝色三角形），5∶2（绿色三角形）。

生：三个比值各不相同，但非常接近，所以看上去三角形斜边"重合"了，其实并不在同一条直线上。

师：那我们可以怎样精确地观察直角三角形斜边呢？

生：放大格子重新画。

师：很有想法，实践出真知！

（三）原理探究，发展数学思维

师：请同学们自己在格子（图4-3）上试一试。

（后教师拿学生的作品上台让学生进行讲解）

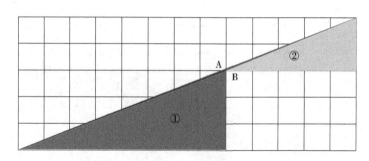

图4-3　格子图

生：在这幅图中，点B是①号三角形和②号三角形相交于整格的点，点A是完整大三角形与格子中的竖线（过点B）相交的点。

生：这两个点并没有完全重合在一起，点B略"低"于点A，也就是说整张图不是一个三角形，应该是一个略凹的四边形。

生：①号三角形比"大三角形"的左边部分少了点A以左的红色区域；②号三角形比"大三角形"的上边部分少了点A以右的红色区域。两块红色区域都是极窄的一个三角形，容易被忽视。

师：虽然已经"看"到了多出来的那"一些"，但毕竟没有用数据来说明"多出来的两个三角形正好是半格"，所以我们要怎么办？

生：计算两块多出来的三角形的面积。

生：首先要知道A、B两点间的长度。

师：现在请大家尝试计算。

生：可以用比例的方法来计算：$13:5=8:x$，$x=\dfrac{40}{13}$。所以，A、B两点之间的长是 $\dfrac{40}{13}-3=\dfrac{1}{13}$。找到这个关键数据后，就不难计算多出来两个三角形的面积了。

生：左边 $\dfrac{1}{13}\times 8 \div 2=\dfrac{4}{13}$，右边 $\dfrac{1}{13}\times 5 \div 2=\dfrac{2.5}{13}$，两块相加的和是 $\dfrac{6.5}{13}$，也就是少了半格。

师：你的思路真清晰，那么还有呢，现在已经算出了一种情况。

生：那另外一张图（图4-4），也不是正好的，而是多出了半格！

生：$13:5=5:x$，$x=\dfrac{25}{13}$，由此得出 A、B 两点间的长是 $2-\dfrac{25}{13}=\dfrac{1}{13}$。多出的狭长区域的面积为 $\dfrac{1}{13}\times 5 \div 2+\dfrac{1}{13}\times 8 \div 2=\dfrac{6.5}{13}$，也是半格！

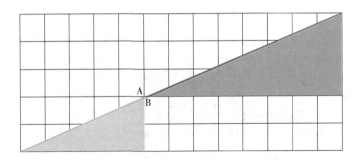

图 4-4　格子图

生：这幅图也不是一个正好的"三角形"，而是一个略凸的四边形。

师：那这个魔术到底是怎么成功的呢，有谁可以来总结一下？

生：借助一些视觉误差，两幅图都不正好等于"大三角形"的面积，图4-3少了半格，图4-4多了半格，看上去就相差了1格。

设计意图：这个过程难能可贵的是让学生自己发现问题、提出问题、解决问题。整堂课中学生非常投入，将各种猜想迅速落实为验证活动，综合运用已有的知识与方法解决实际问题。图中隐含的数学问题随着探究的不断深入被一一破解，直至最终豁然开朗。学生收获的远不止结果本身，还有研究问题的路径与方法、同伴的交流与分享，以及挑战成功的快乐……这个魔术还提醒学生对图形要精准把握，要以数学计算为基础，"眼见不一定为实"。

（四）创新玩法，提供发挥空间

师：分析得非常到位，看来你已经掌握这个魔术的精髓了，没错，这个魔术成功的关键就是那条"斜边"，所以如果我们想要设计这样的魔术，那么第一步就是画一条合适的斜线。这条斜线可以看成是一个长方形的对角线。长、宽的数据有三种关系。现在请同学们拿出学习单，判断一下，哪种情况可以用于设计此魔术呢？

1. 倍数关系

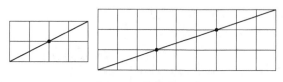

图 4-5 倍数关系

生：在倍数关系图（图 4-5）中，长与宽分别是 2 倍和 3 倍的关系。

生：从图中可以看到，斜线与格线产生的其中一些交点正好落在方格纸的格点处，这种情形下就没有办法产生"误差"，因而不能用于设计此魔术。

师：是的，你们准确地抓住了魔术中三角形斜线的小误差！

2. 一般关系（既不是倍数关系，也不是互质关系）

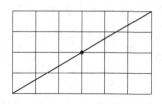

图 4-6 一般关系

生：在一般关系图（图 4-6）中，长与宽不是倍数关系，也不是互质关系，直角三角形斜线与格线产生的其中一些交点也会正好落在方格纸的格点处，因此也不能用这种数据关系来设计此魔术。

师：那么，是否只要满足互质关系就能设计成功呢？

3. 互质关系

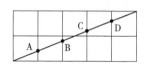

图 4-7 互质关系

生：在互质关系图（图 4-7）中，斜线与纵向格线的交点（A、B、C、D）距离最近的格点分别为 $\frac{2}{5}$、$\frac{1}{5}$、$\frac{1}{5}$、$\frac{2}{5}$ 格，它们呈对称分布，$\frac{1}{5}$ 格的"误差"还是很容易看出来的，所以这种情形也不适合于设计一个好的魔术。

生：看来，在满足互质关系的基础上，"长边"应尽可能大一些。

生：以图 4-8 为例，长是 11 格，A、B 两点距离最近格点的"误差"是 $\frac{1}{11}$ 格。

师：有谁可以总结一下我们的发现？

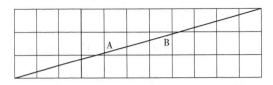

图 4-8　长边尽可能大的互质关系

生：当长与宽满足互质关系时，误差取决于长边的长度！

生：若长边为 a 格，则交点 A 或 B 距离最近格点的"误差"为 $\frac{1}{a}$。长边越长，则对应的 $\frac{1}{a}$ 越小，"误差"也就越隐蔽，就可以用它来设计好的数学魔术。

师：说的真有逻辑，你们已经把规律都找到了！那再找到合适的"斜边"后，我们还能通过什么手段来完善这个魔术呢？

生：可以用边线描粗的方法掩盖误差。

生：为了增加魔术的观赏性，具体在设计的时候还要考虑图案，这样可以更好地转移视线，增强效果！

师：看得出来，大家在看魔术的时候都一直在思考，观察得非常仔细，同学们也都非常有想法，那下面我们就来试试自己创造一个魔术吧！

设计意图：当魔术背后的数学原理被揭穿之后，孩子们个个都能成为数学魔术师，但若要成为大师中的大师，则需利用更复杂的互质关系、误差、线条、角度……运用更多的数学知识，而这就需要我们引导孩子去发现、去思考，这样深度学习就在不同学生的头脑中不同程度地发生着。

（五）创编魔术，培养核心素养

师：看到很多同学都发挥了自己的创意和智慧，创造出了新的魔术，现在我们来看看图 4-9 与图 4-10 这两个面积转换！

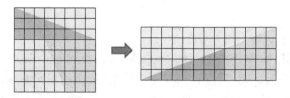

图 4-9 64＝65 的变换

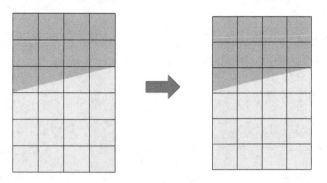

图 4-10 吃不完的巧克力

师：仔细观察这两个魔术，你打算如何破解？

生：找一张方格纸，按照魔术流程操作看看。

生：其中肯定出现了细小的问题，我们可以去算算比例关系。

师：今天的作业就是以小组为单位，从这两个魔术中任选一个去破解，并记录你发现的数学奥秘。

设计意图：通过魔术创编与展示，促进学生对数学本质的理解，培养创新意识。通过小组合作完成"魔术挑战"，通过让学生自主选择问题、分析问题和解决问题来激发其应用数学的兴趣，并深化对比例及其相关应用的理解。

第三节 骰子的秘密①

一、适用对象

小学高年级学生

---

① 吴振亚. 数学魔术：走进"好玩的数学"：骰子的秘密教学与思考［J］. 教育研究与评论·小学教育教学，2016（5）：59.

二、教学目标

1. 通过观看魔术，培养学生发现问题、提出问题的意识。引导学生通过观察、发现骰子相对面点数和的规律，并能应用规律揭秘魔术。

2. 引导学生经历猜想、操作实践、验证、创造的过程，体验数学表达的条理性，发展数学思维与解决问题的能力，积累数学活动经验，发展核心素养。

3. 使学生在参与数学魔术的过程中进一步激发对数学的好奇心，产生学习数学的兴趣，增强合作与分享的意识。

三、教学重难点

发现骰子相对面点数和不变的规律，应用发现的规律解密魔术，进行魔术拓展与创编。

四、教学用具

教师准备演示用的5颗骰子，操作学习单10份。每组学生准备5颗骰子，6颗面上空白的骰子。

五、教学过程

（一）魔术表演，引发好奇欲望

师：今天老师要用骰子来玩一个魔术。看过魔术表演吗？

生：看过。魔术都是很神秘的、不可思议的。

生：魔术其实是假的，魔术师会做手脚，只是我们不容易发现。

师：魔术师还需要有"托"，我现在就要请一个"托"做这样一件事：把5个骰子从下往上叠起来叠成一列。谁来？

生：我来！（开始叠骰子，教师背对着骰子，叠好就说"好了"，教师转回身面对大家。）

师：（看一眼叠好的骰子，很快在黑板上写一个数，并用纸盖住不让学生看）猜猜看，老师刚才在黑板上写了一个数，它是一类数的和，你觉得可能是哪类数的和呢？

生：我猜老师把这些骰子所有看得见的点数加起来了。

师：（写板书：看得见的数之和）还有别的想法吗？

生：看不见的数之和。因为这是魔术，看得见就不稀奇了。

师：（板书：看不见的数之和）你们觉得哪一种更有难度？

生：看不见的数之和。

师：猜对了！老师刚才看了一眼这列骰子，然后就知道这5个骰子所有被盖住面的点数和，用什么办法能知道这个和到底是多少呢？

生：只要把盖住的这些点数看一下，加起来就可以了。

师：好，请一个同学来报数，我和你们一起分别记录并做加法，看看谁猜对了。（学生报数：3、5、2、6、1、3、4、4、3；教师板书：3+5+2+6+1+3+4+4+3＝31，其他学生写在自备本上。）

师：下面是见证奇迹的时刻！（同时移去盖住数的那张纸）

生："31"！（学生惊叹之后自觉鼓掌。）

设计意图：用魔术的情境，让学生见证"奇迹"，激发其好奇心。

（二）实践操作，创设认知冲突

师：你们相信我有这样的特异功能吗？你们也来试一试，把这个和写在白纸上。

（茫然，然后就随意地写了一个数，结果一般都不符合。）

……

师：你们有什么想法吗？

生：会不会每次的和都是不变的？

生：会不会刚才叠骰子的同学是老师的"托儿"？

……

师：不相信老师这方面真有特异功能？

设计意图：通过实践操作，创设认知冲突，引发探究欲望。

（三）原理探究，发展数学思维

师：那你们分小组来探究其中的奥秘。（四人小组，每组5个骰子。）

……

师：哪个组有发现了？请分享。

生：我们组发现骰子六个面上的6个点数分布是有规律的，相对面的数之和都是7。

师：真是这样的吗？我们一起来检查：1的对面是6，2的对面是5，3的对面是4 。

（板书：1与6，2与5，3与4）

生：我们组发现，盖住的面都是上面和下面，是相对面，它们的和都是7，所以老师只要看最上面的点数就可以知道它相对面的点数是用7减几就可以算出总的和了。

师：也就是说，你们认为老师是怎么算的？

生：一共 5 个骰子，下面有 4 组相对的点数和，是 4 乘 7 等于 28，老师看到的最上面的点数是 4，那么它的相对面的点数就是 3，28 加 3 等于 31。

师：你们听明白了吗？有道理吗？（学生鼓掌）还有其他的想法吗？

生：5 个骰子，5 组上下的相对面，它们的和是 $5 \times 7 = 35$，去掉最上面看到的点数 4，那就是 31。

师：这种方法是不是更快了啊？（学生鼓掌）观察刚才板书的 "3+5+2+6+1+3+4+4+3=31"，你能找到 7 吗？（随学生回答并分别圈出 "5+2，6+1，3+4，4+3"，擦去，并在原来的位置写 7）

师：那第一个加数 3，和 7 有关系吗？

生：它是 7-4 的差。

师：（擦去 "3"，板书 "7-4+7+7+7+7=31"）谁能改进计算方法？

生：$5 \times 7 - 4 = 31$。

师：谁能说说每一个数分别是什么意思？

生：5 表示 5 个骰子，7 表示相对面的点数和，4 表示最上面的点数，31 表示所有盖住面的点数和。

师：（分别板书 "骰子个数" "相对面的点数和" "最上面的点数"）这三个数哪个可以变？哪个不会变？所以，如果用字母表示的话，可以怎么表示？

生：$(7n - a)$，7 是不变的；n 表示骰子的个数，可以变；a 表示最上面的数，它可以是 1~6 六种情况，也是会变的。

师：如果 n 就是 5，和最小是几？最大呢？

生：35 是不变的，关键看 a 的大小，a 最小是 1，结果最多是 34；a 最大是 6，结果最少是 29。

师：（板书：29~34）猜的数在这个范围内。

师：如果和是 30，那么 5 个骰子最上面的点数应该是几？

生：35-5=30，所以最上面的点数应该是 5。

师：大家一起想，如果和是 25 的话，应该是几个骰子？最上面的点数是几？

生：$4 \times 7 - 3 = 25$，所以，应该是 4 个骰子，最上面的点数是 3。

师：看来大家都发现了其中的奥秘。今天这节课的课题就叫 "骰子的秘密"。（板书课题）请大家把自己写的那个数和同桌交流一下：是用几个骰子玩？最上面的点数是几？

（同桌交流。）

师：（指着板书 "看得见的数之和"）你会用字母表示这个和吗？在自

198

备本上写一写。

生：除去最上面的骰子，下面的骰子都能看到 4 个面，分成 2 组相对面，前后面的和是 7，左右面的和是 7，合起来是 14。再加上最上面的点数，所以，可以写成 $(14n + a)$。

（学生自觉鼓掌。）

设计意图：这个环节利用小组合作探究的方式，让学生综合运用学过的数学知识：找规律、解决问题、用字母代表数来解决问题，使学生提高了对知识的理解和应用，促进了学习力的提高。

（四）魔术再现，提高综合能力

学生在小组内表演，教师巡视指导。

……

（五）创编魔术，培养核心素养

师：所以，魔术被破解之后，接下来要创新魔术。还是四人小组，商量如何运用我们所学过的数学知识，改变骰子各个面上的点数，设计新的玩法。（每组有 6 个空白的骰子，四人小组尝试。）

生：相对面是 10，这样的话，用几个骰子，相对面的和就是几十，然后再减去最上面的数，计算会更加方便。

生：用小数、分数或百分数，相对面数的和是 1，这样有几个骰子，相对面的和就是几，再减去最上面的数。

生：用乘法，利用倒数的知识，相对面互为倒数，这样设计的几个骰子相对面的乘积就是 1，再乘最上面的数的倒数，变成只要想"最上面数的倒数"。

生：用正数、负数做加法，相对面的和为 0，这样只要想最上面数的对应的正（负）数……

师：今天上的这节课，你觉得到底是数学课还是魔术课？

生：是数学课，因为运用了很多数学知识。

生：还用到了一些数学研究的方法。

设计意图：创编魔术的环节将带给学生满满的成就感，学生从一开始的茫然，到后来的惊喜：每一个骰子都可以设计得与众不同！他们发现：所用的数，小数、分数、百分数、负数都有了，看上去很"混乱"；玩法多样，可以加也可以乘（当然，还有学生尝试用减、除，发现不行）；因为利用了 0、1、10 等特殊的数，算法会更简单……看自己小组的设计是一种成就感，而分享、学习其他组的成果，更是一种打开思路、享受学习的过程。

第四节　你摆我来猜[①]

一、适用对象

中年级小学生。

二、教学目标

1. 通过观看魔术、探究魔术和拓展魔术的过程，培养学生发现问题、提出问题、分析问题和解决问题的能力。理解魔术的数学本质（总和与位值数和的意义），能用发现的规律破解魔术。

2. 让学生经历猜想、验证、创造的过程，培养解决实际问题的意识与能力，积累数学活动经验，培养学生的数感、推理意识等数学核心素养。

3. 使学生在参与数学魔术的过程中进一步激发对数学的好奇心，产生对数学学习的兴趣，体会到研究数学问题的乐趣。

三、教学重难点

学生经历观察、推理、验证得出三个数字的和与同颜色卡片上数字和之间的联系，了解预言是怎么做到的。能用自己的语言归纳概括，应用发现的规律解密和拓展魔术。

四、教学用具

教师准备三种不同颜色的卡片各 9 张，每种颜色的卡片分别写上 1~9，学习记录单若干。学生每组准备同样的卡片。

五、教学过程

（一）魔术表演，引发好奇欲望

魔术流程：

1. 桌上放着红、黄、蓝三种颜色的数字卡片各 9 张，每种颜色卡片上的数字都是 1~9。请你抽出红、黄、蓝三种颜色卡片各 3 张，报出红、黄、蓝

---

① 李志军. 玩数学魔术养数学能力：以《你摆我猜》数学魔术课教学为例 [J]. 小学教学参考，2021（24）：4-5.

卡片中的数字（例如，红色卡片 3、5、1，黄色卡片 1、3、4，蓝色卡片 3、5、7）；

2. 拿一张红色卡片放在百位、一张黄色卡片放在十位，一张蓝色卡片放在个位组成一个三位数，在纸上写下这个三位数。按照上面的顺序得到第二、第三个三位数写在纸上；

3. 请你算出三个三位数的和；

4. 老师能猜出这个和。（整个过程老师背对这些卡片）

师：我需要一位助手，谁愿意帮忙？（一位学生代表走上讲台）请从红色卡片中任意选出三张（数字为 3、5、1），从黄色卡片中任意选出三张（数字为 1、3、4），从蓝色卡片中任意选出三张（数字为 3、5、7）。

师：现在请你用这 9 张卡片，帮忙摆出 3 个三位数，要求每个数的百位用红色卡片，十位用黄色卡片，个位用蓝色卡片。摆好后请写下这三个三位数。

师：请你求出三个三位数的和。

生：好了。

师：我能猜出这个和，我把和写在这张卡片上，反扣在黑板上，到底对不对呢？我们一起来见证奇迹！

师：你算的和是？

生：995。

师：请你翻开卡片，看是不是 995？

生：把卡片翻转过来，上面写的就是 995。

（全班响起了热烈的掌声）

设计意图：通过不可思议的预言激发学生的兴趣。

（二）实践操作，创设认知冲突

请学生当魔术师进行实践操作，有的能成功，有的不成功。

师：想知道一定能成功的秘密吗？

生：想。

设计意图：学生通过实践操作启发学生的认知，激发学生探究的欲望。

（三）原理探究，发展数学思维

师：你们觉得老师是怎么猜出来的？猜猜看。

生：记住了 995。

生：可能不管怎么摆，和都是 995。

生：刚才我们组的和不是 995。（抽的卡片与老师表演的不同）

师：你们讲的都有道理。但是猜想要有依据。

师：我们可以先研究抽到红色卡片数字为3、5、1，黄色卡片数字为1、3、4，蓝色卡片数字为3、5、7的情况。

师：同桌合作摆一摆、算一算，看看结果还是不是995。为什么？（出示如下学习建议）

第一，摆一摆：用9张卡片，根据规则摆出3个三位数。

第二，算一算：算出这3个数的和。

第三，比一比：算出的和还是995吗？

（学生探究）

生：结果还是995。

师：为什么？

生：我们发现虽然每次摆出来的3个三位数不同，但是在求和的时候，个位上都是5、3、7这三个数字，只是顺序不同；同样，十位上都是1、3、4这三个数字，百位上都是3、5、1这三个数字，所以结果都是一样的。

师：真会观察，真棒！

师：为什么会这样？

生：因为用的是同样的9张数字卡片。

师：越来越接近谜底了。

师：谁能有条理地说一说？

生：听这位同学一说，我明白了。也就是说，不管摆出怎样的三位数，其实都是求5+3+7=15、1+3+4=8、5+3+1=9的和，顺序不管怎么变，结果都是15个一、8个十、9个百的和，也就是995。

师：说得完整又有条理，真佩服！你说。

生：不管摆出怎样的3个三位数，结果都是15个一、8个十、9个百的和，就是995。

师：你知道魔术的秘密了吗？

生：和是不变的。

生：与抽到卡片摆数要求有关系。都是15个一、8个十、9个百的和。

师：老师怎么得到这个信息？

生：抽卡片时报出了红、黄、蓝卡片上的数字。

师：对了，真是善于思考的孩子。

师：如果抽到红（2、3、1）、黄（1、4、5）、蓝（3、5、8）的数字，那么和是？

生：6个百、10个十、16个一，就是716。

师：正确，你已经理解了魔术的奥秘！

设计意图：通过教师的引导和学生一步步自主探究，学生由开始觉得不可思议，到最后的恍然大悟，得到的不仅是这个魔术本身的知识，还有自信心和成就感。学生在老师的引导下体会了发现问题、提出问题、分析问题和解决问题的过程，提高了运用数学解决问题的能力。

（四）魔术再现，提高综合能力

师：如果重新抽取 9 张卡片，按规则摆出 3 个三位数，你能预言这 3 个三位数的和吗？

生：能。

师：谁来做魔术师？我来做助手。（生，走上讲台）准备好了吗？

生：准备好了。

师：友情提醒，我在选卡片的时候，其他同学也可以预言一下，看看我摆出的 3 个三位数的和是多少，然后把它写在本子上。下面，请魔术师开始表演。

根据前面的规则选择三张红色卡片（数字为 1、3、4），三张黄色卡片（数字为 2、3、5），三张蓝色卡片（数字为 4、7、8），按规则摆出 3 个三位数。

生：我预测到老师选的 3 个三位数的和是多少了，已把结果写在卡片上，请揭示。

师：这位魔术师已经预言好了，下面的魔术师们，你们的预言有结果了吗？

生：有了，有了。

师：谁来说一说，你预言的结果是多少？又是如何预言的？

生：我发现老师报出红色卡片是 1、3、4，说明和中会有 8 个百；黄色卡片是 2、3、5，说明和中有 10 个十；蓝色卡片是 4、7、8，说明和中有 19 个一。这三个数分别是多少不能确定，和是能确定的，一定是 919。

师：说得真好，掌声送给他！那么，什么时候可以预言？是不是一定要等到把 3 个数摆好才能预言？

生：不需要，只要选出 9 张卡片时，就可以预言了。

师：真棒！其实，后面怎么摆数对预言来说已经不重要了，只要选出 9 张卡片，和就能确定了。下面，我们一起见证这位同学的预言对不对。（师依次揭示 3 个三位数，分别是 137、358、424，学生求和计算，结果的确是 919，全班欢呼起来）

师：祝贺这位同学，已经顺利成为魔术师了！那么，你们想不想自己做一回魔术师？

生：想。

（多媒体出示活动建议，如下）

第一，选一选：选出一位魔术师和一位助手。

第二，演一演：助手根据魔术师的要求，配合魔术师完成魔术表演。

第三，想一想：学生根据助手选出的卡片想一想，如果你是魔术师，你会预言3个三位数的和是多少？

第四，比一比：比较学生的预言与魔术师的预言是否相同，与算式的结果是否相同。

师：接下来，我们在小组内玩一玩，一位同学做魔术师，一位同学做助手，其他同学做学生。表演结束，更换魔术师。请根据活动建议，自主活动。（学生根据活动建议，在小组内有序地表演魔术）

设计意图：学生通过表演魔术，在成功表演魔术后能够获得成就感和自信心，更乐于表达和思考。每一次表演都在加深学生对于数学魔术本质的理解。

（五）创编魔术，培养核心素养

师：你能用刚刚学到的知识再创编一个魔术吗？

生：黄色的在百位、红色的在十位、蓝色的在个位。

生：每种颜色卡片选取四张。

……

设计意图：通过魔术的创编与展示，加深学生对于数学本质的理解，培养学生运用能力和创新意识。

第五节　神奇的数表[①]

一、适用对象

学过字母表示数的中高年级小学生。

二、教学目标

1. 通过参与魔术培养学生发现问题、提出问题、解决问题的意识。学生

---

① 吴振亚．揭秘数学魔术，激发探究思考：《日历表中的秘密》教学与思考［J］．教育视界，2021（5）：29-31.

在玩魔术的过程中通过观察、推理发现表格中按照制定规则选择的数字和不变（用字母表示数后，发现不管怎么选都是相同的结果），进一步理解规律的可迁移、可复制性，提高学生发现规律的能力。

2. 让学生经历数学魔术的解密，感受猜想、验证、创造的探究过程，体验数学中的规律，发展数学思维与解决问题的能力，积累数学活动经验，培育核心素养。

3. 让学生在参与数学魔术的过程中进一步激发对数学的好奇心，产生对数学学习的兴趣，激发学生学习数学的兴趣。

三、教学重难点

经历观察、推理、验证得出表格中按规则选择的数字的和不变，用字母表示数发现这个规律，能用自己的语言归纳概括。应用发现的规律解密魔术。

四、教学用具

不同月份的日历表多张，百数表多张。

五、教学过程

（一）魔术表演，引发好奇欲望
师：（出示图 4-11）这是一张某月的日历表，今天我们用它来变魔术，想一起玩吗？

一	二	三	四	五	六	日
28 十四	29 十五	30 十六	31 十七	休 1 元旦	休 2 十九	休 3 二十
4 廿一	5 小寒	6 廿三	7 廿四	8 廿五	9 廿六	10 廿七
11 廿八	12 廿九	13 初一	14 初二	15 初三	16 初四	17 初五
18 初六	19 初七	20 大寒	21 初九	22 初十	23 十一	24 十二
25 十三	26 十四	27 十五	28 十六	29 十六	30 十六	31 十六

图 4-11 某月日历

生：想！
师：魔术步骤：第一步，圈出一个 4×4 的框；第二步，在这个框里圈出 4 个不同行、不同列的数；第三步，算出圈出的 4 个数的和。明白了吗？

生：明白了。

师：这个 4×4 的框要给老师看一眼。第二步、第三步你们自己操作，老师不会偷看、偷听，但我会在纸上写出这个最终的得数。

生：圈出的 4 个数不同行、不同列，我都不能确定具体是哪 4 个，所以对应的和应该也是不确定的。老师看一眼就能猜中？不大可能吧。（出示图 4-12）这是我框住的 16 个数。

```
4     5     6     7
廿一   小寒   廿三   廿四

11    12    13    14
廿八   廿九   初一   初二

18    19    20    21
初六   初七   大寒   初九

25    26    27    28
十三   十四   十五   十六
```

图 4-12　学生框的 16 个数

师：接下来，你们继续第二步选出数、第三步得出和，我掐指算算最终的和并把它写下来。（学生静音操作，其余学生检查每次圈的是否"不同行、不同列"）。

师：我写好了，你们算好了吗？我们一起打开自己的答案。

（师生同时亮出答案"64"，学生圈数，结果如图 4-13 所示。）

图 4-13　学生 1 圈数

设计意图：通过魔术表演激发学生学习兴趣，感受数学的神奇，引发学习欲望。

（二）实践操作，创设认知冲突

请学生作为魔术师，教师作为学生表演三遍，结果都没成功。

……

（三）原理探究，发展数学思维

1. 自由探究。

生：老师没看到我们具体圈了哪四个数，怎么能算对呢？

生：如果我们换四个数圈，那老师不一定能猜出来了吧！

生：那我们重新圈、重新算，看看最后的结果。

（学生自发圈数、算数。）

生：咦？我另外圈了 4 个数，怎么答案还是 64 ？

生：我也是 64。

师：你们不会圈的是同样的四个数吧？

生：（出示图 4-14）我圈的是这 4 个数，和是 4+13+19+28＝64。

图 4-14　学生 2 圈数

生：（出示图 4-15）我圈的是这 4 个数，和是 5+11+20+28＝64。

图 4-15　学生 3 圈数

生：（出示图 4-16）我圈的是这 4 个数，和是 6+11+21+26＝64。

生：太神奇了，圈的数不一样，但和是一样的。

生：所以，老师不用看我们具体圈了哪几个数，就能知道得数了。

生：那如果框的不是这 16 个数呢？

2. 分小组探究。

图 4-16　学生 4 圈数

师：那同学们分小组研究一下吧！每个小组研究不同的问题：第一组研究为什么得数都是 64；第二组研究如果换一个框会不会还有这个规律；第三组研究框不是 4×4 的情况；第四组研究不用日历表而是百数表的情况。

（学生分组研究。）

师：现在请各个小组来分享研究的结果。

第一组：为什么得数都是 64？

生：观察发现，第二行的每一个数比第一行相应的数多 7，第三行的每一个数比第一行相应的数多 14，第四行的每一个数比第一行相应的数多 21。

生：如果第一、二、三、四行都减去第一行相应位置的数得

0　0　0　0

7　7　7　7

14　14　14　14

21　21　21　21

从这里圈出 4 个不同行、列的数，从行看 4 个数的和是 0+7+14+21＝42，从列看还少了 4+5+6+7＝22，所以原来圈出的 4 数和是 42+22＝64。

师：真是好想法！

生：还可以从列看，也可以得到最后的和是 64。

师：还有其他方法吗？

生：（出示图 4-17）我们组是这样想的，如果把左上角第 1 个数看成 a，那么其他格子的可以分别用含有 a 的式子表示。我们在这个 4×4 的框里像刚才一样圈 4 个不同行、不同列的数（指图 4-14、图 4-15、图 4-16），和都是 $(4a + 48)$，所以，老师可以不用看我们圈了哪 4 个数，就直接算出来了。

第二组：换一个框是否还有这个规律？

生：（出示图 4-18）我们组研究的是另一个框，我们选择了另一张日历表，圈了这样一个 4×4 的框。圈出的 4 个数的和 3+9+19+25＝56。

生：56 比 64 少 8，这是因为框出的第一个数（指"2"）比原来少了 2，

a	$a+1$	$a+2$	$a+3$
$a+7$	$a+8$	$a+9$	$a+10$
$a+14$	$a+15$	$a+16$	$a+17$
$a+21$	$a+22$	$a+23$	$a+24$

图 4-17　代数式

一	二	三	四	五	六	日
1 儿童节	2 十一	3 十二	4 十三	5 芒种	6 十五	7 十六
8 十七	9 十八	10 十九	11 二十	12 廿一	13 廿二	14 廿三
15 廿四	16 廿五	17 廿六	18 廿七	19 廿八	20 廿九	21 夏至
22 初二	23 初三	24 初四	休25 端午节	休26 初六	休27 初七	休28 初八
29 初九	23 初十	24 建党节	25 十二	26 十三	27 十四	28 十五

图 4-18　换日历后换一个框

一共取四个数，就一共少了 8。但是规律不变，和还是（4a + 48），a = 2，4a + 48 = 4 × 2 + 48 = 56。

生：如果把框再左移 1 格，和应该是 52；再右移 1 格，和是 60。所以框不同，得数是不一样的，但都可以用（4a + 48）来计算，所以老师表演魔术的时候必须要看框里左上角的第 1 个数。

第三组：框不是 4×4 的情况。

生：我们先研究了 3×3 的框，（出示图 4-19）列式计算：6+12+21 = 39，39 正好是中间数 13 的 3 倍，所以计算更加方便。因为无法在同一个月圈出 5×5 的框，所以 5×5 的框没有研究。5×4 的框也无法研究，因为无法圈出 5 个不同行不同列的数。所以圈的时候最适合的框是 3×3 或 4×4。

图 4-19　3×3 的框

第四组：用百数表的情况。

生：我们组研究用百数表玩这个魔术。百数表在框的时候有更多的选择性，但是有三点是不变的：一是只能框正方形的框；二是只能圈不同列、不同行的数；三是自己要知道框的第一个数（左上角的数）是多少。

生：除了记第一个数，还可以记头尾两个数（左上角的数和右下角的数）的和。4×4 的框圈出的 4 个数的和是头尾两个数的和的 2 倍，6×6 的框圈出的 6 个数的和是头尾两个数的和的 3 倍……

生：变这个数学魔术需要自己多操练，以更好地掌握规律。

设计意图：通过讨论与小组合作，培养学生的问题意识、思维广度与提出问题、分析问题、解决问题的能力，认识问题背后的数学原理。

（四）魔术再现，提高综合能力

请学生分组进行魔术表演、评价与完善。

（五）创编魔术，培养核心素养

师：既然你们已经知道老师魔术成功的原理，下面的挑战就是创新魔术，能不能创造属于你们自己的新魔术？老师期待大家的优秀表现！

分组设计数表，创编魔术。

第六节　我们不一样[①]

一、适用对象

学过轴对称图形和对称轴的高年级小学生。

二、教学目标

1. 通过魔术培养学生发现问题、提出问题和解决问题的能力。通过观察、操作，体会扑克牌牌面前后的变化，能利用平移或旋转解释扑克牌牌面的变化情况，并在发现魔术本质后能应用规律解密魔术。

2. 能够直观感知旋转和轴对称的特征，培养观察与思考、探究与合作、创作与分享的能力，积累数学活动经验。

3. 在参与数学魔术的过程中进一步激发对数学的学习兴趣，体会数学与现实世界的联系。

---

① 徐和萍. 问题导学下数学魔术课堂教学初探［J］. 小学教学参考，2021（24）：6-7.

三、教学重难点

经历看一看、比一比、选一选、演一演、说一说等活动，基于轴对称图形、中心对称图形的知识，找出"变"与"不变"的本质，并能用自己的语言归纳魔术的原理。

四、教学用具

教师准备课件及一副完整的扑克牌。学生准备好一副扑克牌。

五、教学过程

（一）魔术表演，引发好奇欲望

师：小朋友们，今天我们上一节数学魔术课——"我们不一样"。这个魔术要用扑克牌来玩，你们都认识扑克牌上的花色和点数吗？（多媒体依次呈现红桃3、梅花4、黑桃J、方块Q）

生：红桃3、梅花4、黑桃J、方块Q。

师：如果忽略扑克牌左上角和右下角的数字与点数，请你们用数学眼光仔细观察图4-20，你们觉得它们是什么图形呢？

图4-20 四张扑克牌

生（齐）：它们都是对称图形。

师：如红桃3，是轴对称图形吗？它有几条对称轴？

生：红桃3是轴对称图形，它有1条对称轴。

师：你观察的可真仔细，请你上台演示一下红桃3的对称轴在哪个地方？（生上台演示）

师：梅花4呢？

生：轴对称图形，有2条对称轴。

师：大家再仔细看看，黑桃J、方块Q是轴对称图形吗？

生：它们不是轴对称图形，因为它们既不是左右对称，也不是上下对称。

师：那是什么图形呢？请看课件演示，说一说。

生：画出了里面长方形的对角线，交于一点，上半部分图形绕着这个点先顺时针旋转 90 度，再旋转了 90 度后与下半部分图形重合了。

师：说得准确又到位。

师：我们把对角线的交点叫中心点。谁能再来说一说？

生：绕中心点旋转了两个 90 度后与下半部分图形重合了。

师：绕中心点旋转了 180 度（两个 90 度）后重合的图形叫中心对称图形。

师：看图（见图 4-21），老师这张牌不动，学生的那张牌倒着放，你们发现了什么？

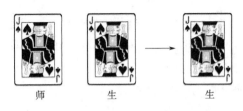

师　　　　生　　　　　　生

图 4-21　中心对称

生：老师的牌与学生倒着放的一模一样（重合）。

师：如果一个图形与倒着放的图形重合，那么就是中心对称图形。

师：大家都能够从数学的角度发现问题、解决问题，为你们自己鼓鼓掌吧。

师：（小结）刚才我们借助扑克牌复习了有关轴对称图形的知识，同学们很棒，老师奖励大家，表演一个魔术给大家看。

师表演魔术：（打乱手中的扑克牌）请一位学生从这副扑克牌中任选一张，再放回来。（一个学生抽牌，其他学生记住这张扑克牌的花色和点数）再次洗牌后，教师能从中找出学生抽取的那张牌。

设计意图：学生已经学习了平移和旋转、轴对称图形的有关知识，能用数学眼光观察日常生活中的一些图形，也有部分学生对中心对称图形有一定的了解。"我们不一样"这节数学魔术课是在学生充分理解轴对称图形定义和本质的基础上，引导他们进一步探索数学魔术的奥秘，深化巩固所学的数学知识，提高学生的观察和动手实践能力。

（二）实践操作，创设认知冲突

请学生根据规则尝试表演，有的能成功，多数不成功。

设计意图：亲历实践操作，创设认知冲突。

（三）原理探究，发展数学思维

师：这个魔术，你想知道什么？

（生对数学魔术产生兴趣，纷纷想回答问题）

生：我想知道老师是怎么把那张牌准确地找出来的？

生：老师真的会变魔术吗？我也想学一下。

生：老师都没看到牌，而且还把牌洗过一遍了，怎么还能把它找出来？

师：看来，同学们都想学这个数学魔术，想知道我是怎么操作的吗？我带来了刚才魔术表演的视频，大家要仔细观察，看看操作时要注意些什么。（多媒体播放视频）你们觉得哪些地方需要注意？

生：我注意到他的洗牌方式，视频中放牌时是倒着放回去的。

师：你的注意力真不错。其他人还注意到了什么吗？

生：洗牌的时候，没有颠倒牌的顺序，但是放牌回去时，抽取的那张牌是倒着放回去的。

师：嗯，你看的可真仔细，隐隐约约接近了这个魔术真正的奥秘了。

师：（出示图4-22）如果其中一张梅花5被抽出，倒着放回去，前后比一比，两张牌有什么变化？

生：正着放和倒着放不一样。

图4-22　正放的梅花5和倒放的梅花5

生：中间梅花变了，它上下颠倒了。

生：正着放和倒着放不一样。左上角和右下角的图形没有发生变化。

师：正着放和倒着放的过程也就是旋转，谁能完整描述一下梅花5的变化过程？

生：梅花5绕着中心点顺时针旋转180度。

多媒体依次呈现五张扑克牌如图4-23所示，方块7，梅花10，红桃A，黑桃6，红桃Q。（聚焦讨论红桃Q，比较旋转前后是否相同）

图 4-23　出示的五张扑克牌

师：在这些牌中，只有三张牌可以用来表演魔术，仔细观察，它们有什么共同的特点？（同桌讨论）

生：正着放和倒着放的牌面不一样。

生：方块 7，红桃 A，黑桃 6。（如图 4-24 所示）。

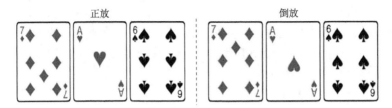

图 4-24　选出的 3 张牌

设计意图：该环节是魔术课堂教学的核心，也是引导学生进行深入思考的主要环节。面向全体学生的问题设计、生成性资源的及时捕捉、层次化思考的变式练习，环环相扣地组织学生探索与发现，使学生在不知不觉中体悟、感受、收获。这样将以轴对称图形为知识基础演变成有趣的数学魔术，使学生感受到魔术的奥秘来自数学、源于生活，产生探究魔术奥秘的欲望。

（四）魔术再现，提高综合能力

师：为了顺利表演魔术，我们要先来选一些扑克牌。请看活动要求。

活动要求：

（1）看一看，扑克牌上下颠倒后，牌面是否有变化？

（2）选一选，把发生变化的扑克牌选出来。

（3）说一说，与同桌说一说这些牌面发生的变化。

（学生按照活动要求，自主对比发现）

师：为了提高找牌的速度，四个人为一小组，找一副牌，找完了以后举手示意。

师：（大部分小组都完成了）大家都已经安静下来，很自觉。那么有哪个小组愿意来分享一下你们在活动中的发现？（请多个小组回答。）

生：我们从一副完整的扑克牌中找到了 25 张扑克牌。他们的特点是上下颠倒后，和原来的牌面不一样了。

师：其他小组还有别的发现吗？

生：我们小组也找到了 25 张牌，我们按照花色来分，发现方块的只有方块 7，红桃和黑桃的各有 7 张牌，梅花有 8 张，大小王各 1 张。按照牌面的数字来分，大部分数字都是奇数。

师：嗯，看来你们观察的都很仔细，都能够把这种变化描述出来。老师觉得大家都能够在数学魔术中锻炼自己的思维都很好。

师：那么，选完扑克牌，你能像老师那样表演魔术了吗？请继续看活动要求。

活动要求：

第一，记一记，观察选出的扑克牌，记住上下顺序。

第二，演一演，即同桌一人当学生，一人表演。

第三，说一说，怎样表演魔术更有趣？

（同桌两人相互合作，师巡视指导）

设计意图：上述两个操作活动，充分发挥了学生在数学课堂上的主体地位。通过魔术实践，学生感受到数学魔术中思维的乐趣，在与同学交流合作、与老师互动表演的过程中，学生不仅能够提高实践能力，也能逐步形成良好的数学思维能力。

（五）创编魔术，培养核心素养

师：现在大家不仅会用轴对称图形的有关知识揭示魔术的奥秘，还知道了中心对称图形。下面，老师决定挑战高难度，用中心对称图形的扑克牌表演这个魔术。

师：你们中间有一些幸运儿，抽屉里有个信封，里面就有能表演魔术的扑克牌，快点拿出来试试吧！小组合作，一人表演当魔术师，其他三人当观众。

师：谁愿意来表演一下？

（魔术师把 4 张扑克牌放在桌子上，然后蒙住眼睛，请一位学生上台，把某张牌旋转 180 度，魔术师解除面具后，看到 4 张扑克牌如图 4-25 所示，他很快确定了红桃 J 被旋转过了。）

师：大家觉得他这个魔术表演得怎么样？谁来揭秘。

生：我觉得他表演得很成功，这四张牌忽略左上角和右下角的点数花色，可以发现红桃 J 是中心对称图形，另外三张是轴对称图形。无论学生将哪一

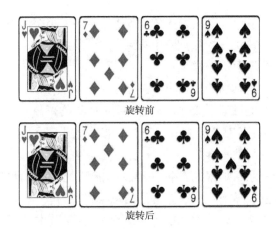

旋转前

旋转后

图 4-25　学生表演的扑克牌旋转前、旋转后的图

张绕中心点旋转 180 度，魔术师都能确定那一张牌。

生：中心对称图形绕中心点旋转 180 度后，会和原来图形重合，而轴对称图形不能。

师：思考的方向很好，看来你们已经掌握了这个魔术的本质。大家可以将这个魔术表演给听课老师看，或者回家表演给爸爸妈妈、同伴看。

设计意图：数学魔术是学生特别感兴趣的一类数学游戏，他们从中体会到思考的乐趣，学会分享和创造。

第七节　9 的倍数之旅

一、适用对象

学过字母表示数、因数与倍数知识的五年级小学生。

二、教学目标

1. 通过观察、操作、记录发现魔术设计的数学原理（9 的倍数的特征），并能运用 9 的倍数特征、字母表示数解密魔术。

2. 使学生经历数学魔术的解密过程，感受猜想、验证、创造的探究过程，体验数学表达的条理性，发展数学思维与解决问题的能力，积累数学活动经验，培育核心素养。

3. 使学生在参与数学魔术的过程中进一步激发对数学的好奇心，产生对数学学习的兴趣，增强合作与分享的意识。

三、教学重难点

通过算一算，比一比，想一想，发现 9 的倍数特征，并用自己的语言归纳和概括规律，运用发现的规律解密魔术，进行魔术拓展。

四、教学用具

教师准备展示用的若干张 0~9 数字卡片、学习单。每组学生准备若干张 0~9 数字卡片。

五、教学过程

（一）魔术表演，引发好奇欲望

师：老师最近练了一个本领，叫"读心术"。你有四张数字卡片，任意去掉一张，把剩下的三张卡片上的数字告诉我，我就能知道你去掉的那张卡片上的数字是多少，相信吗？

（学生：有的说信，有的说不信。）

师：那么，我们试一试。用哪四张数字卡片呢？我可不知道，要你自己心中想的数字。

要求如下：

第一，每人心中想好一个四位数（如 3872），把想好的数写在卡片上，写好后举手示意；

第二，将这个四位数的所有数字相加，求出它们的和（如 3872 就是 3+8+7+2=20），计算完后举手示意；

第三，用这个四位数减去所有数字相加的和，得到一个新的四位数（如 3872−20=3852），把这个新的四位数用四张数字卡片摆出来；

第四，从这四张卡片中，选择一张你最讨厌的卡片并放到边上，如果有 0，不要把 0 去掉，因为我最喜欢 0 了；

第五，将剩下的三张卡片上的数字告诉我，我就能读出你的心思，知道你最讨厌卡片上的数字是几。

（学生根据要求进行操作）

师：谁来试一试，把剩下的三张卡片上的数字告诉我？

生：我剩下的三张卡片上的数字是 2、4、8。

师：你最讨厌卡片上的数字是 4。

生：老师，你是怎么知道的？

师：还有谁想试一试？

生：我剩下的三张卡片上的数字是3、4、0。

师：你最讨厌卡片上的数字是2。

生：对的。

……

师：几位同学的小心思，我全都读出来了。难道，我真的有神奇的"读心术"吗？

（学生：有的说有，有的说没有。）

师：老师是怎样知道卡片上的数字呢？

生：偷看到的、推理出来……

师：这些都是同学们的想法。现在请大家一起回忆一下老师是怎样玩这个魔术的，可以相互说一说。（学生小组讨论交流）

生：心中先想好一个四位数，用这个四位数减去各位上的数字之和，得到一个新的四位数，然后将新的四位数中任意一位不是0的数字去掉，再将剩下的三个数字告诉老师，老师就能说出去掉的数字是几。

生：我想，这个魔术可按以下四个步骤去表演：第一步，每人心中想好一个四位数；第二步，用这个四位数减去各位上的数字之和，得到一个新的四位数；第三步，将新的四位数中某个不是0的数字去掉；第四步，将剩下的3个数字告诉老师。

师：总结很到位，有条理。

设计意图：这样教学使学生体验到数学魔术乐趣，同时，能够总结出这个魔术表演的过程，为后面表演魔术或寻找一些正确的例子做好准备。

（二）实践操作，创设认知冲突

师：谁愿意当魔术师来表演？

几个孩子尝试都不成功。

……

设计意图：通过实践操作却不成功，创设认知冲突，激发孩子的探究欲望。

（三）原理探究，发展数学思维

师：请根据下面的活动提示，同桌两位同学玩一玩：

想一想，一位同学心中想好一个四位数，并在本子上写下来。

算一算，用这个四位数减去各位上的数字之和，得到一个新的四位数。

猜一猜，在新的四位数中选择一个不是0的数字并去掉，然后将剩下的3个数字告诉同桌，让同桌猜一猜去掉的数字是多少。

比一比，同桌猜测的数字与你去掉的数字一样吗？并把你们的魔术表演结果记录在学习单上。

议一议，去掉的数字与剩下的 3 个数字之间有怎样的关系呢？

验一验，与同桌再玩一次魔术，运用你们发现的规律，预测一下去掉的数字，看能否成功。

（学生分组研究）

师：谁来分享一下你们的研究成果？

生：我们玩了几次魔术，前几次都没能猜对，后来发现新的四位数各位上的数字之和都是 9 的倍数。也就是说，根据剩下的 3 个数字之和，看看它比 9 的倍数少几，去掉的数字就是几，后面试了几次都成功了。

生：我们也发现，得到的新的四位数是 9 的倍数，通过告诉剩下的 3 个数字，就能求出去掉的数字，也就是看剩下的 3 个数字之和比 9 的倍数少几，去掉的数字就是几。

师：通过举例，同学们发现得到的新的四位数都是 9 的倍数，各位上的数字之和也一定是 9 的倍数。那么，是不是所有的四位数减去各位上的数字之和都能得到 9 的倍数呢？你有办法说明吗？

生：刚才的举例，通过计算发现都符合要求。我们换种方法就更清楚了：$3724-(3+7+2+4)=(3000-3)+(700-7)+(20-2)+(4-4)=3\times999+7\times99+2\times9=9\times(3\times111+7\times11+2\times1)$，所以得到的结果一定是 9 的倍数。

生：用字母表示也能发现这样的规律，所以无论怎样的四位数，只要去掉各位上的数字之和，结果一定是 9 的倍数。任何一个四位数都可以写成 $1000a+100b+10c+d=(999+1)a+(99+1)b+(9+1)c+d=999a+99b+9c+(a+b+c+d)=9(111a+11b+c)+(a+b+c+d)$，所以只要 $a+b+c+d$ 的和是 9 的倍数，那么这个四位数也一定是 9 的倍数。

师：同学们真棒！这么快找到魔术中蕴含的数学原理。那么，你们知道老师为什么喜欢 0，要求大家不要把 0 去掉吗？

生：我知道，我们小组在玩魔术时就发现了这个问题。如得到的结果是 2 790，去掉 0 后，剩下的数字，老师很难判断去掉的是哪个数字，所以老师故意说自己喜欢 0，其实就是把这种不确定的情况排除。

师：你真是太棒了，大家把掌声送给他！同学们不仅发现了数学魔术中的数学原理，还把老师的一点小心思看出来了。

……

设计意图：在这个揭秘魔术的过程中，要让学生不满足于具体的例子，通过用字母表示数，发现最后的结果一定是 9 的倍数。这样运用数学魔术进

行教学，不仅能激发学生的学习兴趣，而且可以使学生"知其然，知其所以然"，真正理解所学的数学知识。

（四）魔术再现，提高综合能力

师：同学们已经发现了这个魔术的秘密，请同学们在小组里轮流充当学生和魔术师，练习一下这个魔术。（教师巡视指导）

设计意图：学生已经归纳出 9 的倍数的特征，并学会玩这个数学魔术的方法，学生在学习过程中很快乐。魔术再现可以引导学生将重点放在数学与魔术的联系上，每玩一次这个数学魔术，他们都运用了 9 的倍数特征计算出去掉的数字，同时学生在魔术表演中也可以积累数学活动经验，体验魔术表演成功的喜悦。

（五）创编魔术，培养核心素养

师：这个魔术的数学原理就是通过想一个四位数，用这个四位数减去各位上的数字之和，目的是形成一个 9 的倍数，再根据 9 的倍数的特征，创编数学魔术。同学们想一想，还可以用什么方法得到 9 的倍数呢？可以小组内交流讨论，算一算、试一试。

（学生在小组内交流讨论）

生：我们是这样想的：选一选，任意选一个两位数；算一算，将这个两位数乘 18、27、36 等这样的 9 的倍数，得到一个新的数；猜一猜，把新的数中某一位上不是 0 的数字去掉，告知剩下的数字，就能猜出去掉的数字是几。

师：你是怎么想的？

生：一个整数乘以 18 可以写成这个整数乘以 2 再乘以 9，所以结果一定是 9 的倍数。

师：还可以乘几呢？

生：还可以用一个整数乘 1.8，因为整数乘小数的计算方法先按整数计算方法计算，唯一不同的就是需要点上小数点，这个数学魔术和小数点无关，一样可以玩。

师：这个方法好像不错，我们来试一试。

（学生分组表演魔术）

生：老师，我们是这样想的：选一选，从 0 到 9 这十张数字卡片中，选出四张数字卡片；组一组，分别用这四张数字卡片组成一个最大的四位数和一个最小的四位数；算一算，用最大的四位数减去最小的四位数，得到一个新的数；摆一摆，用卡片摆出得到的新的数；玩一玩，从摆出的数字卡片中任意去掉一张，然后告知剩下的数字，就能知道去掉的数字是几。

师：这样能猜出数字吗？大家试一试。

（学生分组表演魔术）

生：可以猜出来，和刚才的魔术一样，只是形成 9 的倍数的方法不同。

生：同样，如果有 0，也不能把 0 去掉。

师：也就是说，用四张数字卡片分别摆出最大的四位数与最小的四位数，再求出它们的差，这个差一定是 9 的倍数。还有其他的方法吗？

生：老师，我觉得还可以创编成这样的数学魔术：选一选，任意选出三个连续的自然数；算一算，求出选择的三个数之和，再算出这个和的平方数；猜一猜，将这个平方数中某一位上不是 0 的数字去掉，告知剩下的数字，就能猜出去掉的数字是几。

师：这也是一种好方法，我们一起试一下。（师生一起表演魔术）

生：我剩下的数字是 4、0、1。

生：你去掉的数字是 4。

生：我剩下的数字是 2 和 2。

生：你去掉的数字是 5。

师：掌声送给同学们！可能还有更多的方法，大家可以课后进一步去研究。

设计意图：根据 9 的倍数的特征改编数学魔术，对于学生来说就是一种创新，就是一个属于自己的小魔术。如果每一位学生都能将习得的知识与技能进行重组，创编新的数学魔术，学生的创新能力就能得到有效培养。

第八节　心灵感应

一、适用对象

小学六年级及以上年级学生

二、教学目标

1. 通过观看魔术，培养学生发现问题、提出问题的意识。通过观察、推理探究魔术设计的数学原理。

2. 使学生经历数学魔术的解密、猜想、验证、创造的过程，体验整式的规律，能应用规律解密魔术。发展数学思维与解决问题的能力，积累数学活动经验，培育核心素养。

3. 使学生在参与数学魔术的过程中进一步激发对数学的好奇心，产生对

数学学习的兴趣，体会数学的应用。

三、教学重难点

探究魔术设计的整式规律。将实际问题抽象为数学问题。

四、教学用具

教师准备一副扑克牌（不含王牌），学生每组准备一副扑克牌。

五、教学过程

（一）魔术表演，引发好奇欲望

教师以"魔术师"的身份出现，手中拿了副52张扑克牌（除去大小王），让学生来切牌（将扑克牌的下半副移到上面或者是将上半副移到下面）；让一名学生从老师手中的整副牌中任意抽取一张，当老师背过身后，向其他同学展示抽出的这张牌，记住花色和点数，并将牌握在手里，老师转回身看了一下这位同学，说出那张牌的点数与花色。这个魔术表演 3 次，不同的同学来切牌和抽牌，增加神秘感。

设计意图：增加魔术的神秘感，激发学生的好奇心与探究学习的动力。

（二）实践操作，创设认知冲突

……

（三）原理探究，发展数学思维

师：猜猜看老师是怎么变的这个魔术？

生：牌都是一样的。

教师展示所有牌，看似是"乱"的，然后与学生一起来探秘。

小组动手操作要求：小组阅读 PPT 展示的魔术指令，完成以下魔术流程。

1. 小组分角色：魔术师，切牌员，抽牌人，监督员，还有学生。

2. 魔术指令，在扑克牌中取出红桃 13 张牌，魔术师取出牌，并将这 13 张牌按照牌的点数从小到大排列后，监督员负责监督，然后将扑克牌收拢（牌面朝下码齐）。

3. 魔术师将牌递给切牌员让切牌员来切牌，可切多次，完成后将牌还给魔术师。

4. 魔术师让抽牌人任取一张牌，魔术师如何确定抽牌人取走的牌是什么？

5. 换角色，再表演一次。

设计意图：培养学生的阅读能力；亲身体验魔术的神奇；通过动手操作与实践，学生自己感悟出其中的量与量之间的联系。

师：想一想，当同学抽走一张扑克牌的时候，魔术师并没有看到是哪一张，但是魔术师是否能够掌握被抽走的扑克牌与其他扑克牌之间的关联呢？

　　生：被抽走扑克牌的上一张和下一张。

　　师：这种关联在魔术表演时如何操作呢？

　　生：需要知道被抽走的扑克牌的上一张或下一张，操作方法只需将整副牌在被抽走牌的地方分为两部分，并将上部分移到下部分。如果想确定被抽走牌的上一张，魔术师只需在转过身后看一眼底牌，如果想确定被抽走牌的下一张，只需在转过身后偷看顶牌。

　　师：那么这副牌遵循了什么样的限制条件呢？

　　生：这 13 张牌按照牌的点数从小到大排列的，后一张比前一张大 1。

　　师：请同学们再想一想，老师切牌的时候，仅仅只是将扑克牌的下半副移到上面或者是将上半副移到下面，这时，整副扑克牌的规律是否发生变化？

　　师：想一想，这个魔术里用到了什么数学知识呢？

　　生：被抽走牌后，将上部分移到下部分后，底牌点数用 a 表示，那么被抽走的牌为（$a+1$），规律就是后一张牌的点数比前一张牌大 1，用到了用字母表示数以及整式规律等数学知识。

　　师：这 13 张牌有其他的排列方式，能获得同样的魔术效果吗？

　　生：底牌点数用 a 表示，那么被抽走的牌为（$a+2$），也就是后一张的点数比前一张大 2，牌的排列顺序见图（图 4-26）。

图 4-26　学生 1 的牌序

　　如果底牌点数用 a 表示，那么被抽走的牌为（$a+3$），也就是后一张的点数比前一张大 3，牌的排列顺序见图（图 4-27）。

　　师：如果再加上黑桃的 13 张，共 26 张牌可以设计出小魔术吗？请小组展示魔术。

　　设计意图：对找规律的数学知识加深认识并加以应用；培养学生的创新能力与意识；让学生表演自己设计的魔术，提高兴趣与参与度。

图 4-27　学生 2 的牌序

学生表演并揭秘：（学生设计想法很多，在这里只展示两种）

如果花色交替，底牌点数用 a 表示，那么被抽走的牌为 $(a+1)$，也就是后一张的点数比前一张大 1，牌的排列顺序如图 4-28 所示。

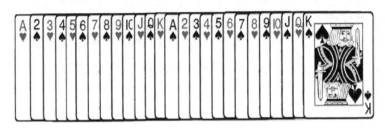

图 4-28　学生 3 的牌序

如果花色交替，底牌点数用 a 表示，那么被抽走的牌为 $(a+3)$，也就是后一张的点数比前一张大 3，牌的排列顺序如图 4-29 所示。

图 4-29　学生 4 的牌序

牌数增加到 52 张牌（除去大小王），教师再表演一次，提出问题：

（1）我们要想确定被抽出的牌，需要已知什么牌？

（2）底牌和被抽出的牌的关系是什么？

（3）整副牌的点数关系是什么？花色是什么顺序？

（4）用什么方法表示更简洁直观？

共表演 6 次，学生列表归纳找规律，如表 4-4 所示。

表 4-4　学生表演 6 次的记录

	1 次	2 次	3 次	4 次	5 次	6 次	字母表示	花色规律
底牌	红桃 5	黑桃 6	红桃 8	方块 3	梅花 7	方块 12	a	依红桃、黑桃、方块、梅花循环
抽出牌	黑桃 8	方块 9	黑桃 11	梅花 6	红桃 10	梅花 2	$a+3$	

请各组将 52 张牌按照你找到的规律排列好，如图 4-30 所示。

花色排序：红桃、黑桃、方块和梅花，点数规律：后一张牌的点数比前一张牌大 3。

图 4-30　52 张牌的排序

设计意图：通过扑克牌魔术，培养学生列表解决问题；通过对扑克牌魔术中的某些量建立整式模型，理解该扑克牌魔术中的整式规律问题；为学习其他扑克牌魔术及探究其原理积累经验。

（四）魔术再现，提高综合能力

……

（五）创编魔术，培养核心素养

已知规律，请你来设计"读心术"魔术。

1. 规律：一副 52 张扑克牌（除去大小王），点数为 1~12 的牌，可以相互组合成 6 对和数是 13 的牌组：1 与 12、2 与 11、3 与 10、4 与 9、5 与 8、6 与 7。

2. 以小组为单位，参照上述扑克牌魔术以及给定的规律，设计一个扑克牌魔术。

3. 小组派代表表演魔术，看看谁更有魔术师的"范儿"。

设计意图：培养学生的逆向思维；体会特殊中蕴含着的一般规律，借助一般规律更好地进行扑克牌魔术表演。

参考文献

［1］迪亚科尼斯，葛立恒．魔法数学：大魔术的数学灵魂［M］．汪晓琴，黄友初，译．上海：上海科技教育出版社，2015.

［2］马尔卡希．扑克魔术与数学：52种新玩法［M］．肖华勇，译．北京：机械工业出版社，2018.

［3］刘炯朗．数学的魔法：生活中无处不在的数学智慧［M］．北京：团结出版社2017.

［4］本杰明.12堂魔力数学课［M］．胡小锐，译．北京：中信出版社，2017.

［5］胡英武．一个骰子游戏的揭秘［J］．金华职业技术学院学报，2019，19（6）：86-88.

［6］王金发，阳海林．魔术改变数学：小学数学魔术的开发与教学实践［M］．长春：东北师范大学出版社，2020.

［7］毕晓光，高翠．用魔术玩转数学［M］．北京：北京师范大学出版社，2018.6.

［8］苏戴．数学魔术84个神奇的数学小魔术［M］．应马远，译．上海：上海科学技术文献出版社，2010.

［9］顾沛．十种数学能力和五种数学素养［J］．高等数学研究，2000，4（1）：5.

［10］周爱民，周爱学，毛杰英．数学课堂魔术［M］．开封：河南大学出版社，2019.

［11］古尔德．让你爱上数学的50个游戏：藏在魔术、扑克牌、体育项目中的秘诀［M］．庄静，译．北京：机械工业出版社，2016.

［12］陈怀书．数学游戏大观［M］．北京：商务印书馆，1926.

［13］林碧珍，菜宝桂．数学魔术与游戏设计［M］．台北：书泉出版社，2014.

［14］孟繁学．数学魔术（数学小博士丛书）［M］．北京：金盾出版社，2003.

［15］凌启渝．数学魔术［M］．成都：四川少年儿童出版社，1982.

［16］李明伟．数学魔术：探寻变化背后的永恒："翻转的奥秘"教学设计与启示［J］．小学数学教师，2017：28-29.

［17］吴振亚．用数学魔术开展深度学习：以"失踪的正方形"一课为例［J］．小学数学教师，2018（12）：33-34.

［18］吴振亚．数学魔术：走进"好玩的数学"：骰子的秘密教学与思考［J］．教育研究与评论·小学教育教学，2016（5）：59.

［19］李志军．玩数学魔术养数学能力：以《你摆我猜》数学魔术课教学为例［J］．小学教学参考，2021（24）：4-5.

［20］吴振亚．揭秘数学魔术，激发探究思考：《日历表中的秘密》教学与思考［J］．教育视界，2021（5）：29-31.

［21］徐和萍．问题导学下数学魔术课堂教学初探［J］．小学教学参考，2021（24）：6-7.